U0366617

Clinics Review Articles

Veterinary Clinics of North America: Small Animal Practice

北美小动物临床医学

Ear，Nose，and Throat Conditions

耳鼻喉疾病

（美）丹尼尔·D. 史麦克（Daniel D. Smeak） 主编

刘 钰 邢嘉琪 主译

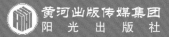

黄河出版传媒集团
阳光出版社

图书在版编目（CIP）数据

耳鼻喉疾病 /（美）丹尼尔·D. 史麦克（Daniel D. Smeak）主编；刘钰，邢嘉琪主译. — 银川：阳光出版社，2021.3

（北美小动物临床医学）

书名原文：Ear, Nose, and Throat Conditions, An Issue of Veterinary Clinics of North America：Small Animal Practice

ISBN 978-7-5525-5489-2

Ⅰ. ①耳… Ⅱ. ①丹… ②刘… ③邢… Ⅲ. ①动物疾病－耳鼻咽喉病－诊疗 Ⅳ. ① S858

中国版本图书馆 CIP 数据核字（2020）第 170730 号

出版外国图书合同审核登记宁字 2020002 号

耳鼻喉疾病

（美）丹尼尔·D. 史麦克（Daniel D. Smeak）主编

刘钰　邢嘉琪　主译

责任编辑　屠学农
文字编辑　任晓曼，于千会
封面设计　顾晓娜
责任印制　岳建宁

黄河出版传媒集团
阳 光 出 版 社　出版发行

地　　址　宁夏银川市北京东路 139 号出版大厦（750001）
网　　址　http：//www.ygchbs.com
网上书店　http：//www.hsy120.com/
电子信箱　lifan@bestvet.com
邮购电话　010-53353488　13501005773
经　　销　全国新华书店
印刷装订　北京顶佳世纪印刷有限公司
印刷委托书号　（宁）0018228

幅面尺寸　170mm×240mm
印　　张　9.25
字　　数　170 千字
版　　次　2021 年 3 月第 1 版
印　　次　2021 年 3 月第 1 次印刷
书　　号　ISBN 978-7-5525-5489-2
定　　价　128.00 元

版权所有　翻印必究

本书译者委员会

主　译

　　刘　钰　邢嘉琪

副主译

　　花福有　孙玉忠　罗伏兵

参加翻译人员（排名不分先后）

　　刘　钰　邢嘉琪　花福有　孙玉忠

　　罗伏兵　胡玉苗　郑家三　张　宏

　　张　宇　马媛媛　赵　光　吕长荣

　　董建秀　林振国　栗　柱　胡服春

ELSEVIER

Elsevier (Singapore) Pte Ltd.

3 Killiney Road, #08-01 Winsland House I, Singapore 239519

Tel: (65) 6349-0200; Fax: (65) 6733-1817

VETERINARY CLINICS OF NORTH AMERICA: SMALL ANIMAL PRACTICE, Ear, Nose, and Throat Conditions

Copyright © 2016 Elsevier Inc. All rights reserved.

ISBN-13: 9780323448598

This translation of VETERINARY CLINICS OF NORTH AMERICA: SMALL ANIMAL PRACTICE, Ear, Nose, and Throat Conditions by DANIEL D. SMEAK was undertaken by Sunshine Press and is published by arrangement with Elsevier (Singapore) Pte Ltd.

VETERINARY CLINICS OF NORTH AMERICA: SMALL ANIMAL PRACTICE, Ear, Nose, and Throat Conditions by DANIEL D. SMEAK 由刘钰和邢嘉琪进行翻译，并根据阳光出版社与爱思唯尔（新加坡）私人有限公司的协议约定出版。

《北美小动物临床医学：耳鼻喉疾病》（刘钰　邢嘉琪　主译）

ISBN　978-7-5525-5489-2

Copyright © 2019 by Elsevier (Singapore) Pte Ltd.

All rights reserved. No part of this publication may be reproduced or transmitted in any form or by any means, electronic or mechanical, including photocopying, recording, or any information storage and retrieval system, without permission in writing from Elsevier (Singapore) Pte Ltd. Details on how to seek permission, further information about Elsevier's permissions policies and arrangements with organizations such as the Copyright Clearance Center and the Copyright Licensing Agency, can be found at the website: www.elsevier.com/permissions.

This book and the individual contributions contained in it are protected under copyright by Elsevier (Singapore) Pte. Ltd. and Sunshine Press (other than as may be noted herein).

声　明

本译本由 Elsevier (Singapore) Pte Ltd. 和阳光出版社完成。相关从业及研究人员必须凭借其自身经验和知识对文中描述的信息数据、方法策略、搭配组合、实验操作进行评估和使用。由于医学科学发展迅速，临床诊断和给药剂量尤其需要经过独立验证。在法律允许的最大范围内，爱思唯尔、译文的原文作者、原文编辑及原文内容提供者均不对译文或因产品责任、疏忽或其他操作造成的人身及／或财产伤害及／或损失承担责任，亦不对由于使用文中提到的方法、产品、说明或思想而导致的人身及／或财产伤害及／或损失承担责任。

Printed in China by Sunshine Press under special arrangement with Elsevier (Singapore) Pte Ltd. This edition is authorized for sale in the People's Republic of China only, excluding Hong Kong SAR, Macau SAR and Taiwan. Unauthorized export of this edition is a violation of the contract.

原书贡献者 CONTRIBUTORS

EDITOR

DANIEL D. SMEAK, DVM
Diplomate, American College of Veterinary Surgeons; Professor and Chief of Small Animal Surgery, and Dental and Oral Surgery, Department of Veterinary Clinical Sciences, College of Veterinary Medicine and Biomedical Sciences; James L. Voss Veterinary Teaching Hospital, Colorado State University, Fort Collins, Colorado

AUTHORS

BOAZ ARZI, DVM
Diplomate, American Veterinary Dental College; Diplomate, European Veterinary Dental College; Assistant Professor of Dentistry and Oral Surgery, Department of Surgical and Radiological Sciences, School of Veterinary Medicine, University of California - Davis, Davis, California

ALLYSON C. BERENT, DVM
Diplomate, American College of Veterinary Internal Medicine; Director, Interventional Endoscopy Services, Department of Interventional Radiology and Endoscopy, Internal Medicine, The Animal Medical Center, New York, New York

DANIEL ALVIN DEGNER, DVM
Diplomate of the American College of Veterinary Surgeons; Staff Surgeon, Animal Surgical Center of Michigan, Flint, Michigan

GILLES DUPRÉ, Univ Prof Dr Med Vet
Diplomate, European College of Veterinary Surgery; Head, Department of Small Animal Surgery and Equine, Vetmeduni Vienna, Veterinary Medicine University, Vienna, Austria

NADINE FIANI, BVSc
Diplomate, American Veterinary Dental College; Clinical Assistant Professor of Dentistry and Oral Surgery, Department of Clinical Sciences, College of Veterinary Medicine, Cornell University, Ithaca, New York

VALENTINA GRECI, DVM, PhD
Internal Medicine and Endoscopy, Ospedale Veterinario Gregorio VII, Roma, Italia

DOROTHEE HEIDENREICH, Dr Med Vet
ECVS Board-eligible Small Animal Surgeon, Department of Small Animal Surgery and Equine, Vetmeduni Vienna, Veterinary Medicine University, Vienna, Austria

CATRIONA MacPHAIL, DVM, PhD
Diplomate, American College of Veterinary Surgeons; Associate Professor, Department of Clinical Sciences, College of Veterinary Medicine and Biomedical Sciences, Colorado State University, Fort Collins, Colorado

ERIC MONNET, DVM, PhD
Diplomate, American College of Veterinary Surgeons; Diplomate, European College of Veterinary Surgeons; Department of Clinical Sciences, College of Veterinary Medicine and Biomedical Sciences, Colorado State University, Fort Collins, Colorado

CARLO MARIA MORTELLARO, DVM
Professor, Division of Small Animal Surgery, Department of Veterinary Medicine, Facoltà di Medicina Veterinaria, Università degli Studi di Milano, Milano, Italia

MARIJE RISSELADA, DVM, PhD
Diplomate, European College of Veterinary Surgery; Diplomate, American College of Veterinary Surgery - Small Animals; Assistant Professor, Small Animal Soft Tissue and Oncologic Surgery, Department of Clinical Sciences, College of Veterinary Medicine, North Carolina State University, Raleigh, North Carolina

DANIEL D. SMEAK, DVM
Diplomate, American College of Veterinary Surgeons; Professor and Chief of Small Animal Surgery, and Dental and Oral Surgery, Department of Veterinary Clinical Sciences, College of Veterinary Medicine and Biomedical Sciences; James L. Voss Veterinary Teaching Hospital, Colorado State University, Fort Collins, Colorado

FRANK J.M. VERSTRAETE, DrMedVet, MMedVet
Diplomate, American Veterinary Dental College; Diplomate, European College of Veterinary Surgeons; Diplomate, European Veterinary Dental College; Professor of Dentistry and Oral Surgery, Department of Surgical and Radiological Sciences, School of Veterinary Medicine, University of California - Davis, Davis, California

ALYSSA MARIE WEEDEN, DVM
Small Animal Medicine and Surgery Intern, Animal Surgical Center of Michigan, Flint, Michigan

DEANNA R. WORLEY, DVM
Diplomate, American College of Veterinary Surgeons - Small Animal; American College of Veterinary Surgeons Founding Fellow, Surgical Oncology; Associate Professor, Surgical Oncology, Department of Clinical Sciences and Flint Animal Cancer Center, Colorado State University, Fort Collins, Colorado

卷首语 PREFACE

Daniel D. Smeak, DVM
编辑

　　早些时候，我尚在俄亥俄州立大学担任外科住院医师时发现，我们经常会通过了解及治疗我们手术中出现的并发症来学习有关手术的条件。为此，我开始意识到我们遇到的许多并发症都可以通过了解外科疾病的病理生理学，并结合核心手术原则，以及强化对手术部位解剖结构和手术步骤的了解来加以避免。我在接受住院医师培训时，对动物在行全耳道切除术后遇到的并发症数量感到震惊。许多这类并发症均可导致患病动物再次发病，远比手术想要治疗的疾病严重。我还发现正确治疗这些并发症的相关信息非常少，为此我开始质疑我们外科医师治疗终末期炎症性耳病的方法。这一调查促使我在职业生涯中发表了第一篇文章，详细记录全耳道切除术后对并发症的回顾性研究，尤其是急性和慢性伤口感染。最初，我们认为手术部位及鼓泡引流较差是感染高发的主要原因。但此后，结合多种伤口引流技术并没有显著减少感染，且在某些病例中还可引发其他问题。随着高级成像技术的出现，我们开始格外关注涉及慢性终末期炎症性耳病的中耳变化。我们通过侵入性次全外侧鼓泡截骨术，在鼓泡手术暴露方面取得了巨大进展，从而使我们能够彻底清除鼓泡内的移行上皮和碎屑，同时保护重要局部神经及血管结构。

现在我们预计，几乎所有受终末期耳病影响的患病动物在手术后均会得到长期的缓解。恰恰是我们对外科疾病认识的突破，以及不断提高我们诊断及手术技术的愿望，让我时刻充满激情，并献身于普通外科临床和学术生涯中。

影响犬、猫耳鼻喉的外科疾病较常见，小动物临床医生和外科专家所遇到的情况均是如此。在本书中，我选取了许多主题，包括新型及新出现的耳鼻喉疾病诊断及治疗方法。首先，从围绕犬、猫耳病临床动态构建主题，然后是影响鼻和鼻咽的外科疾病，最后是喉的相关疾病。我曾要求作者们在撰写其手术治疗方法及建议时，尽可能涵盖当前手术主题的病理生理学详细信息，并整合核心手术原则、局部解剖和并发症。在本书第一篇文章中，我阐述了行全耳道切除术后为何会发生深部感染以及如何有效诊断和治疗这些深部脓肿和慢性瘘管。Risselada 博士对胆脂瘤进行了阐述，告诉我们胆脂瘤是一种在鼓泡内会导致机体逐渐衰弱的膨胀性生长物，以及为何这种疾病仍然是一种需要手术才能成功治疗的疾病。MacPhail 博士对治疗耳血肿的新型和传统方法进行了论述。Greci 和 Mortellaro 博士提供了治疗常见于猫但罕见于犬的耳和鼻咽息肉的最新信息。Fiani、Verstraete 和 Arzi 博士对先天性鼻、腭及唇疾病的最新手术技术进行介绍。Weeden 和 Degner 博士介绍了一系列治疗鼻腔及鼻窦疾病的标准及新型手术方法。Worley 博士介绍了对当前鼻及鼻平面肿瘤的相关知识，以及在侵入性手术切除后如何重建面部缺失。Berent 博士为我们在当前临床中遇到的最具挑战性疾病——鼻咽狭窄提供了建议。Dupré 和 Heidenreich 博士阐述了治疗短头综合征患犬的最新手术方法。最后，Monnet 博士提供了关于当前治疗犬鼻咽麻痹的最新治疗建议。我再次对所有这些杰出作者表示感谢，感谢他们能够分享其宝贵经验、专业技术，以及对本书作出的科学贡献。我还希望能够认识这些繁忙的临床医生，感谢他们能够抽出时间、花费心血按时完成这些高品质的文章！

最后，我还要以个人名义向 Elsevier 出版社的 Patrick Manley 和 Meredith Clinton 表示感谢，感谢他们提供了让我担任此次《北美小动物临床医学：耳鼻喉疾病》特约编辑的机会。我希望本书关于耳鼻喉疾病的文章能够对兽医们有所裨益，从而为他们在临床中遇到的患病动物提供最佳的治疗建议和最新的治疗方法。

Daniel D. Smeak，DVM
Department of Veterinary Clinical Sciences
College of Veterinary Medicine and
Biomedical Sciences
James L. Voss Veterinary Teaching Hospital
300 West Drake Road
Fort Collins，CO 85023-1026，USA

目录 CONTENTS

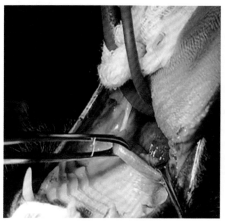

Catriona MacPhail，DVM，PhD

会导致动物抖头或搔耳的外耳炎之类的耳病是造成犬、猫发生耳血症的最常见
原因。此外，作者还提出了能导致软骨和血管脆性的潜在免疫学原因。对于耳
血肿的治疗有多种选择，从单独使用皮质激素类药物到简单的血肿穿刺，再到
手术治疗。由于该状况多继发于另一种疾病，因此无论采用何种治疗方法，如
果能适当治疗潜在病症，则其复发的可能性非常低。

Valentina Greci，DVM，PhD，Carlo Maria Mortellaro，DVM

猫炎性息肉为猫耳及鼻咽部最常见的非肿瘤性病变。微创息肉切除技术（如牵
拉撕脱术配合鼓室刮除术，以及经内镜经鼓膜牵引术）已成功作为长期解决方
案。猫鼻错构瘤为鼻咽部的良性病变，且大多经手术切除后预后良好。罕见犬
耳及鼻咽炎性息肉，其临床症状与患猫病变类似。对于犬，在制订适当手术计
划之前，对这些肿块进行准确组织学诊断非常重要。

Nadine Fiani，BVSc，Frank J.M. Verstraete，DrMedVet，MMedVet，Boaz Arzi，DVM

本文附带的视频内容位于 http：//www.vetsmall.theclinics.com

犬的原腭裂并不常见，且其修补难度较大，本文的主要目的是列出发病机制相
关信息，并为上述腭裂的修补提供实用信息。

Allyson C. Berent，DVM

鼻后孔闭锁在小动物兽医中较为罕见，且大多数病例均为误诊，实际上为鼻咽
狭窄（NPS）。这是一种网线疾病，因为其手术治疗后的复发率较高。微创疗
法 [球囊扩张术（BD），置入金属支架（MS）或覆膜金属支架（CMS）] 可
以取得很好的治疗效果，但可能会引发多种不可忽视的并发症。单独采用球囊
扩张术的最常见并发症为狭窄复发；置入金属支架的最常见并发症为组织生
长、慢性感染以及形成口腔瘘；置入覆膜金属支架的最常见并发症为慢性感染
和形成口腔瘘，但可避免狭窄复发。

Gilles Dupré，Univ Prof Dr Med Vet，Dorothee Heidenreich， Dr Med Vet

表现出短头综合征的动物会患有气道多级阻塞以及继发性上呼吸道塌陷。鼻孔狭窄、鼻甲异常、鼻咽塌陷、软腭延长且肥大、喉部塌陷和左支气管塌陷为最常见的相关异常。鼻成形术和腭成形术以及更为先进的手术技术和术后护理策略即使是在中年犬上也可显著改善预后。

Eric Monnet， DVM，PhD

单侧杓状软骨固定术为喉麻痹的最常见治疗方法。在单侧固定杓状软骨以最大限度减少声门裂暴露时，避免使杓状软骨过度外展非常重要。经单侧固定术治疗的喉麻痹患犬长期预后良好。特发性多发性神经病为犬喉麻痹的最常见病因。

Alyssa Marie Weeden， DVM，Daniel Alvin Degner， DVM

可主要通过经背侧或腹侧手术入路来保留鼻腔和鼻窦。手术计划包括使用高级成像设备，如 CT 或 MRI。鼻腔病变的手术治疗通常仅限于良性病变，或者也可与辅助疗法（如放疗）联用。经背侧入路暴露鼻腔时必须格外谨慎，以避免意外穿透入脑引发并发症。在使用腹侧入路后，必须轻柔处理组织并小心闭合黏膜鼓膜，以最大限度降低形成口鼻瘘的风险。

Deanna R. Worley，DVM

大多数鼻内病变最好采用放疗进行治疗。经静脉注入造影剂的 CT 图像对于制订治疗计划非常关键。鼻 CT 图像最适用于评估筛板完整性，以确定中枢神经系统是否已被肿瘤侵入。鉴于宠物主人对其宠物术后面容外观变化会有情绪反应，因此在进行鼻平面切除术或根治性平面切除术之前，医师和动物主人均应参与讨论。认真选择病例，鼻平面切除术和根治性平面切除术可以局部治愈相关疾病。

1 行全耳道切除术和外侧鼓泡截骨术后持续性深部感染的治疗

Daniel D. Smeak，DVM

关键词　手术；犬；全耳道切除术；深部感染

要　点　● 据认为，全耳道切除术（Total ear canal ablation，TECA）和外侧鼓泡截骨术（Lateral bulla osteotomy，LBO）的深部感染源自术后未完全切除耳道的残余部分，或骨性外耳道，或鼓室内的上皮或碎屑；

● 行 TECA-LBO 后临床症状可延后数月或数年；

● 原始切口部位出现面部肿胀或瘘管、张口时或患侧鼓泡深部触诊疼痛，均为深部感染的临床症状；

● 抗生素治疗通常对犬有效，但停药后症状复发很常见；

● 对比 CT 通常可有助于准确定位感染灶以便制订手术计划。

1.1 前言

对于表现出终末期中耳炎的小动物而言，兽医通常推荐进行手术[1]。虽然慢性深部感染伴有上皮细胞增生、狭窄以及钙化均是临床医生最常遇到的终末期耳病，而慢性中耳感染、胆脂瘤、耳道或中耳肿瘤浸润，以及耳道严重外伤也是手术治疗的适应证[1-7]。

TECA-LBO 仍是治疗终末期耳病的黄金标准方法[7, 8]。高达 70% 的慢性外耳炎患犬均存在中耳炎临床迹象[9]，因此经外侧鼓泡截骨术探查鼓室，目前则多采用全耳道切除术[10]。随着与慢性深部耳道感染有关的增生性上皮增生扩展入耳道，会鼓起或穿破鼓膜，从而导致异常上皮移行进入鼓泡[6]。恰恰是这种易位性上皮化生被视为许多犬接受全耳道切除术后持续性深部感染的感染源[11, 12]。

为保证通过 TECA-LBO 治疗的疾病不再复发，需切除整个外耳道，同时必须认真完全清除内衬于外耳道和鼓室的碎屑及异常上皮。这一抢救性手术需要经验丰富的外科医师进行操作，因为该手术需要繁琐的解剖学知识以避开术中不易识别或不易暴露的重要神经血管结构[13]。此外，狭窄耳道不能就无菌手术进行准备，因为在术前标准皮肤准备时，通常无法彻底清除碎屑和污染物并进行耳道冲洗。在手术过程中，由于患侧耳道被隔离并切除，同时外侧鼓泡壁也被切除，因此无法避免软组织被严重污染[14]。

因此，虽然最近有回顾性研究表明术后并发症发生率有下降趋势，尤其是行 TECA-LBO 后的急性伤口感染，但在以前，该手术可导致相对较高的并发症发生率（在某些研究中可高达 82%[15]），其中大多数并发症均发生于术后早期[16]。据报道，行 TECA-LBO 后将近 1/3 的病例会出现切口并发症（如伤口引流延长、切口裂开、血肿、血清肿和感染）[16]。大多数这类伤口并发症均为自限性，且经数日至数周的抗生素治疗和正确的伤口处理后即可恢复，某些病例的伤口处理方法包括：引流、清创，甚至是开创处理[15, 17]。

当经局部伤口处理后，感染症状持续存在或复发，或伤口成功愈合后症状表现明显，应就深部感染源进行检查。本文的目的在对既往文献中行 TECA-LBO 后持续性或复发性深部感染的现象进行回顾，并为遇到此类并发症的兽医提供诊断和治疗方法。

1.2 行 TECA-LBO 后深部感染发生率

深部感染可表现为 TECA 部位附近慢性或复发性瘘管或深入皮下组织界面的脓肿，据报道，行 TECA-LBO 后这类并发症的发生率高达 2% ~ 14%[11, 12, 15, 17-20]。但实际发生率可能更高，因为许多回顾性研究虽提供长期（超过 1 年）的跟踪情况，但该并发症可发生在行 TECA-LBO 后数年[8, 11, 12, 16]。如果对终末期耳病或中耳胆脂瘤患犬行 TECA-LBO，则患深部感染的概率会大幅增加（最高达 53%），因为要切除这类膨胀性中耳上皮囊肿非常困难[6]（可参见本书 2 犬胆脂瘤的诊断与治疗）。

笔者未查阅到猫接受 TECA-LBO 后慢性深部感染的发生率的报道[21-23]。造成这种差异的原因可能在于 TECA 多用于治疗猫的耳道肿瘤[21, 23]，而犬伴有深部鼓泡骨炎的慢性终末期耳病是截至目前最常见的适应证[10]。据报道，猫会因慢性感染而导致上皮增生，但在对猫中耳进行探查期间未见上皮移行入耳道的报道[22]。此外，猫的耳道要比大多数犬的耳道短，当切除耳道对鼓室进行探查时，可以增加鼓室的暴露情况，这有助于外科医师更彻底地清除感染灶。

1.3 病理生理学

研究人员指出了多种可在行 TECA-LBO 后于手术部位深部引发感染的感染源，但在文献中提及的大多数情况很少得到证实。听小骨、鼓室及舌骨的骨髓炎引流较差、手术时鼓泡内碎片清理不干净、耳咽管鼓泡引流不充分、腮腺受损，以及手术时引入异物（如缝合线），均可成为术后引发深部感染的感染源 [1, 17, 20]。在一项报告中，正常试验犬接受 TECA-LBO 后鼓膜内物体潴留会导致角化细胞累积，这在某些患犬中会发展为晚期脓肿病灶 [24]。在几乎所有关于存在复发性深部感染病例的报告（包括行 TECA-LBO 后的详细检查结果）中，已经确定了两个感染源：① 与鼓室或外耳道内发现的上皮和 / 或碎屑（毛发、皮脂物）；② 水平耳道切除不完全 [11, 12, 15, 19, 20]。上皮残余物（包括鼓膜）均可产生角蛋白、腺分泌物，甚至是可于伤口深部发现的毛发，更有研究认为这种物质可引发持续性炎性病灶 [11, 12, 24]。炎性病灶还会引发继发性细菌侵入，除非清除病灶，否则继发性细菌侵入会持续下去 [11, 24]。

目前，人们已经认识到在行 TECA-

LBO 后认真完全切除耳道并清除鼓泡及骨性外耳道内碎屑和分泌性上皮（连同鼓膜一起）对于避免深部感染的不利影响至关重要 [11, 12, 24]。行 TECA-LBO 后，无论是否进行伤口引流，伤口并发症（包括慢性深部感染）发生率均未表现出明显差异 [2]。

1.4 临床表现

该并发症似乎并不存在性别倾向性。在两项专门报道行 TECA-LBO 后深部感染检查结果的回顾性病例研究中，1/3 ~ 1/2 的患犬为可卡犬 [11, 12]。该犬是公认的最易发生慢性增生性外耳炎的犬种，由于这种倾向性，在大多数接受 TECA-LBO 犬的回顾性研究中，可卡犬所占比例最高。表明存在深部感染的临床症状可推迟至术后数月甚至数年。

在一项研究中，犬接受 TECA-LBO 后到出现耳旁瘘管的时间为 1 ~ 39 个月（平均 10 个月）[12]。同样，其他研究表明出现瘘管的时间范围为术后 3 ~ 24 个月 [15, 17-20]。另一项回顾性病例研究表明，深部感染的临床症状与瘘管不同，要比瘘管出现时间稍早，为 1.5 ~ 12 个月（平均 5.5 个月）[11]。在某些报告中，动物主人会忽略细菌感染症状，直至术后数月至数年形成明显瘘管或脓肿后才被发现。据推断，某些存在轻微间歇性临床症状的患犬，累积的碎屑和液体可偶尔通过耳咽管从伤口深部区域流出 [24]。

据报道，在多种深部感染临床症状中，其中一些会比另一些更不明显。存在单个或多个窦道和行 TECA 部位或其前腹侧出现脓肿破裂的患犬的深部感染临床症状较为明显（**图 1.1**）。在一项报告中，几乎所有犬在对患病鼓泡区域腹颈部进行触诊时均有抵触[11]。初始切口部位周围存在疼痛性肿胀很常见。20%～45% 的患犬在张口时可观察到急性疼痛[11, 12]。某些患犬可出现摇头，但除之前表现出的症状或最初接受 TECA 后的症状外，未报道有其他神经症状。少数犬可表现出发热和炎性白细胞象[11]。同样，血细胞计数和血清生化分析方面也无特异性变化。根据笔者的经验来看，当给予患犬适当全身性抗生素治疗时，临床症状可在数天内有所改善。

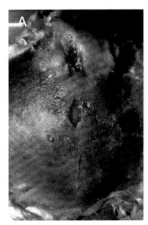
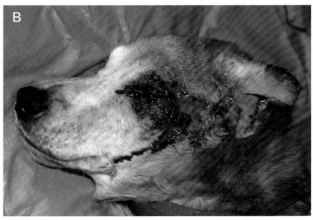

图 1.1　A. 接受 TECA 后出现深部脓肿患犬的外侧观；B. 接受 TECA 后因水平耳道残余物而出现多发性瘘管的患犬

应告知动物主人，其宠物接受 TECA-LBO 后，早期愈合及成功恢复并不意味着不会发生后期并发症。应告知动物主人其动物出现深部感染时的临床症状，以便能够进行早期诊断和治疗。一旦感染扩散并转为顽固性，保守性药物治疗效果会变差，从而需要更为积极的手术治疗。

1.5　鉴别诊断

如果一只接受过 TECA-LBO 的患犬表现出了前文所述的临床症状，则应将深部感染放在鉴别诊断清单前列。接受 TECA-LBO 后表现出的临床症状并不一定都是手术相关深部感染的特有症状。可能出现的其他疾病包括：深部被埋的异物，如穿透口腔或颈部的草芒或木棍。患及颞下颌关节或周围结构的肿瘤性疾病（如唾液腺瘤或扁桃体瘤）也与这种情况类似。严重涎腺炎或淋巴结脓肿也可表现出类似的症状。对患病动物进行彻底检查，并仔细检查口腔和咽喉，对于区分这些疾病和 TECA-LBO 相关的深部感染非常重要。渐进性或多发性犬神经缺陷或出现霍纳综合征表明存在更具侵袭性的疾病，如肿瘤或胆脂瘤[6]。张口时下腭活动范围受限在患及颞肌或颞下颌关节的疾病比深部感染更为常见。在许多病例中，有必要使用高级成像技术来帮助排除鉴别诊断清单中列出的但与最初耳部手术无关的疾病，还可帮助确定感染病灶的部位以便制订手术计划[25]。

1.6 初始治疗

接受 TECA-LBO 后，表现出疑似与深部感染相关临床症状的患犬，可采用多种方法进行初始治疗。根据犬主人的承受能力，首先要做的不是确定采用经验性抗生素和非甾体抗炎药（Nonsteroidal anti-inflammatory drugs，NSAID）治疗能否改善患犬症状及生活质量，而是应首先告知犬主人这种改善只是暂时的，而且如果药物治疗无效或中断抗生素治疗后复发，有必要进行进一步的诊断性成像和手术。关于单独采用抗生素治疗复发性深部感染的报道很少，但在许多犬中似乎效果有限[11, 12]。诊断性成像和手术费用较高，且有创手术较为复杂，首次手术并不一定能成功[11]。因此，在特定病例首先选择抗生素进行治疗是明智的。

首次可根据最初手术时进行的细菌培养和药敏试验结果来选择治疗深部感染所需的抗生素。一项报道显示，在手术暴露瘘管和鼓泡后，从深部提取的培养物中分离到了多种葡萄球菌、大肠杆菌、肠球菌和 β - 溶血链球菌[12]。在其他研究中的鼓泡内也分离到了类似的菌株[8, 11, 14, 15]。还应谨记在某些报道中，从深部伤口培养物中还分离到了更多耐药菌（例如，绿脓杆菌和大肠杆菌）[8, 14, 26]。如果没有已知的不良药物反应风险，广谱抗生素（例如，强效盘尼西林和增强磺胺类药物）均是不错的初始经验性用药。

不推荐使用一代头孢类抗生素，因为大约仅有 25% 的于 TECA-LBO 期间从鼓泡内分离出的常见菌对该药物敏感[26]。

分离引发深部感染病灶的细菌是有助于选择适当抗生素的一种行之有效的方法。如果存在瘘管，不要试着从开口或分泌物中获取样品，因为浅表性污染会混淆药敏试验结果。笔者更喜欢根据最初手术时的深部伤口培养结果选择适当的抗生素治疗方案。以笔者的经验来看，超声引导的细针抽吸深部液体一直是一种获得培养样品的有效方法。理想抗生素治疗时间尚未确定，但如果患病动物表现出疗效且保持舒适，至少应持续 4～6 周。当动物主人拒绝进一步检查或存在其他重大并发症无法进行麻醉或手术时，通过延长抗生素治疗时间至数月或更长时间可成功将感染症状保持在可控状态下。

1.7 诊断方法

如果考虑手术治疗，首先应确定患犬足够健康能够耐受麻醉，并排除重大并发症。高级 X 线检查是诊断术的下一个步骤。应准确定位深部感染源，如果可能，应在进行之前排除其他鉴别诊断（前文已列出）。普通 X 线片有助于确定影响鼓泡周围骨质结构的病变，但并非确定感染灶部位的准确工具[25]。如果鼓泡在斜位及张口 X 线片中可见充有空气，则可排除鼓泡是感染源的可能性。影响局部骨质结构的溶解过程表明可能存在最初手术时尚未发现的肿瘤。另一项研究表明，如果发现感染位于鼓泡内，会始终存在不透明度增加[11]。在同一研究中，鼓泡内无确定性深部感染引发的溶解或广泛性骨质增生。硬化症或患病鼓泡腹侧增厚，以及鼓泡内或紧贴外侧处软组织密度增加，这在接受 TECA-LBO 后水平耳道残余物引发面部瘘管的患犬中非常明显[12]。大约 30% 的这类犬，除上次 LBO 后预计会发生的并发症外，无其他特异性普通 X 线检查病变[12, 24]。Mcanulty 及其同事发现行 TECA-LBO 后鼓泡愈合情况存在相当大的差异，且鼓泡截骨术部位可部分或全部发生变化，或鼓室会充有新骨[24]。当耳道软骨钙化时，普通 X 线可确定水平耳道内是否存在残余物，因为在正确行 TECA-LBO 后，水平耳道内不应存在残留物[13]。

对单引流瘘管患犬可考虑行对比瘘管造影术，但对于较深部病灶对比瘘管也不会起到太大作用。在一项研究中，接受瘘管造影术的 9 只患犬中仅有 1 只表现出延伸入皮下组织界面的对比增强。在这些犬中，随后确定感染源为外耳道旁的手术部位[12]。在另一项研究中，瘘管内对比增强延伸入鼓泡腹侧，但未检查到鼓室内存在上皮残余物[11]。因此，使用瘘管造影术来检查深部感染病灶并不可靠。

对比 CT 成像是笔者确定深部感染部位的首选诊断成像方法。在大多数病例中，对比增强会围绕在感染源周围（**图1.2**）。

对比 CT 成像有助于外科医师确定哪种入路（鼓泡外侧通过原始切口部位或腹侧）可最佳暴露并清除感染灶，而不会损伤该部位重要结构。

由于通过腹侧入路可最佳暴露鼓室[11, 27]，因此穿过未手术组织于最初手术部位外侧进行分离，并保留正常解剖标识，这是隔离鼓室内感染灶的一种入路[11]。当无法准确定位病灶部位或发现深部感染源位于外耳道相邻部位或外侧时，应从外侧暴露最初手术部位。当发现水平耳道残余物时，也推荐这一入路，因为腹侧入路通常无法很容易地暴露并切除这些结构[12]。MRI 可用于评估侵入深层结构的侵袭性疾病，或当患病动物表现出神经症状（表明存在内耳或多发性颅神经功能障碍）时，可采用 MRI，因为在 MRI 图像上可更好地确定这些软组织结构[28]。

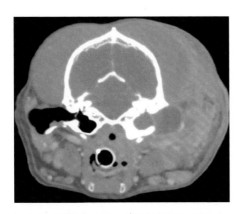

图1.2 存在深部感染（紧靠左侧行 TECA-LBO 后的残余物）患犬的对比 CT 图像。注意对比增强脓肿外侧的不规则软组织密度影（炎性组织）。充有气体的右侧鼓泡和耳道可用于比较

1.8 手术探查

当鼓泡外侧位成像可见水平耳道残余物和 / 或感染病灶时，应选择外侧入路（**图1.2**）。该入路还可进入鼓膜腔并进一步限制鼓膜的暴露。该入路的缺点在于穿过致密瘢痕和炎性组织进行分离，这使得识别重要解剖标识和结构（面神经和大血管）变得更为困难和繁琐。因此，经该入路进行暴露时，手术中应关注面神经受损和大出血的风险[12]。

将患病动物置侧卧位，使患侧靠于颈部支撑物，如卷起的毛巾。无菌处理整个耳及耳郭周围区域，包括周围瘘管。于最初行 TECA-LBO 切口上做一垂直皮肤切口。如果存在瘘管，且想要探查并沿瘘管做切口，则扩展切口至瘘管开口。经过一系列钝性或锐性分离，穿过皮下组织

朝外耳道区域探查切口。这些组织通常会存在严重纤维化，且需要仔细进行锐性分离切口的更深处。如果可以明确定位外耳道，则直接将蚊式止血钳插入鼓室内。这可作为进一步分离时可供参考的重要标志。如果可能，剥离时最好在该点分离并保护好面神经。在分离鼓泡腹侧期间，于耳道后侧茎乳孔内寻找这一纤细的白色线状结构。应避免杂乱分离，尤其是紧贴耳道和残余鼓泡腹侧区域，因为这会损伤附近重要的血管结构。水平耳道残余物通常呈黄白色坚硬软骨，伴有深褐绿色上皮内衬（**图1.3**）。用骨钳从外耳道（耳道骨质部分）开口清除所有耳组织残余物。用 Freer 骨膜剥离器剥离鼓泡外侧面的软组织，并用骨钳清除所有残余鼓泡，以充分暴露鼓室[13]。用刮匙清除外耳道和鼓室内所有褐绿色上皮残余物和碎屑。避免刮碰鼓室背侧区间和鼓室上隐窝以降低内耳受损风险。一项报道显示，接受 TECA-

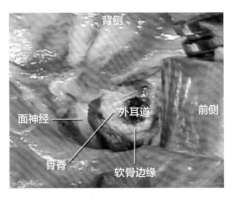

图1.3 鼓泡外侧入路，可见水平耳道边缘和褐绿色上皮内衬

LBO 后探查瘘管的 9 例病例中有 2 例会发生这种并发症[12]。彻底冲洗鼓泡以清除任何残余骨片和碎屑。采集碎屑和上皮样品用于培养和活检。如果已暴露，则无需切除听小骨。笔者发现使用无菌 30° 5mm 内镜对整个鼓室进行最终检查，可有助于发现偶然残留在深处的碎屑和上皮[29]。一般来说，伤口无需引流，除非在分离期间发现皮下囊肿，然后彻底冲洗整个伤口，常规闭合皮下组织和皮肤。无需使用绷带。

当有证据表明感染灶位于鼓室外侧，且 CT 图像仅鼓室内深部或外耳道显示对比增强时，应采用鼓泡腹侧入路[11, 27]（**图 1.4**）。该入路可极好地暴露整个鼓室，因此当感染灶位于该结构内时，这是首选入路，但应知道腹侧入路无法探查外耳道外侧组织。经未经手术的组织界面分离是该入路的另一优点，因为鼓泡腹侧区域通常不会受到最初 TECA-LBO 入路瘢痕组织的影响。与外侧入路相比，可保护局部解剖标识，且分离界面不应越过面神经通路。可充分暴露鼓泡腹侧，以便可以分离和保护附近的血管结构。

将患病动物置仰卧位，颈部靠于支撑物。无菌处理下颌骨中部至腹侧颈区中部皮肤。如果可能，确认患侧并通过深部手指触诊定位圆顶形鼓泡，位于下颌骨隅骨突起的后内侧。于鼓泡上方，做一 7~10cm 的前后向正中旁切口。继续锐性分离穿过颈阔肌和颈括约肌。保护好舌下

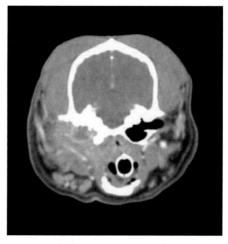

图 1.4　深部感染（位于之前右侧鼓泡截骨术部位内）患犬的对比 CT 图像。注意感染灶周围的对比增强（外耳道内发现有上皮残余物）

静脉和上颌静脉。钝性分离二腹肌和下颌舌骨肌之间的界面。直接与鼓泡上钝性分离穿过舌骨舌肌和茎突舌肌，并用 Gelpi 牵开器保持该组织界面开张，以暴露鼓室整个腹侧面。注意锐性牵开器头不要损伤舌下神经（内侧）和面神经（外侧）。分离周围血管结构，锐性切口并用 Freer 骨膜剥离器从鼓泡剥离骨膜。如有必要，用骨钉或电钻穿透鼓泡腹侧的中心面。用骨钳或电钻小心翼翼扩大钻孔以便查看整个鼓泡腔。紧靠鼓泡外侧，笔者例行切除外耳道的腹侧部分以寻找该区域鼓膜上皮或残余物。

当首次用骨钉或电钻穿透鼓泡和刮理鼓泡腔时，注意避免损伤鼓岬区内耳结构。使用小号刮匙和止血钳轻轻探查并清除碎屑和上皮残余物。上皮一般呈深褐绿

色组织（**图 1.5**）。预计这些残余物不仅仅附着于底层骨上，因此可能需要用力刮除。谨记应小心刮除或轻轻从背侧区间的敏感内耳结构剥离异常组织。采集上皮或碎片样品用于培养和活检。如果在股上隐窝内发现残余鼓膜，应将镫骨与残余物一起清除，但如果已暴露，不必清除砧骨和锤骨。彻底冲洗鼓室，然后分层闭合肌肉、皮下层和皮肤。通常不需要引流和绷带。

图 1.5 行 TECA-LBO 后经腹侧入路探查鼓泡。图片中间可见褪色的上皮残余物（白色箭头所示）

1.9 术后监测与护理

深部暴露外耳道外侧和鼓泡腹侧非常困难，且会导致早期术后出血、咽部肿胀、上呼吸道阻塞和极度疼痛。应考虑频繁监测通气情况，并监测直接动脉血压，直至患病动物完全从麻醉中苏醒。犬通常需持续输注阿片类药物，如芬太尼，经常还要加入氯胺酮和利多卡因，以保证术后恢复平稳。如果没有禁忌证，添加非甾体抗炎药（例如卡洛芬）有助于缓解侵入性

组织分离引发的炎症。于伤口处持续输注局部麻醉药可有助于控制疼痛，而无镇静剂和高剂量麻醉药的不良反应[30]。通常可用非甾体抗炎药和曲马多来控制疼痛，通常于术后连用 24h。同时，如果患病动物眼球突出或有迹象表明存在干燥性角膜结膜炎或面神经缺损，应监测并治疗出现的任何眼部并发症，尤其是角膜溃疡。应采用抗生素和开放性伤口引流治疗手术部位急性感染。术后应根据术中细菌培养和药敏试验结果选择抗生素。术后最适抗生素给药持续时间尚未确定，但笔者建议至少 2 周。

应告知动物主人感染复发的临床症状。切口外侧或腹侧肿胀、触诊或张口时下腭切口部位疼痛，均提示动物主人应寻求兽医护理。

1.10 疗效

1.10.1 单纯抗生素疗法

行 TECA-LBO 后可通过抗生素将深部感染临床症状保持在可控范围内，但一旦停药仍有可能复发[11, 12]。在 Holt 进行的研究中，3 只犬采用间断经验性抗生素治疗瘘管，结果经过 1 个疗程的治疗并跟踪 12 个月后，有 1 只犬未出现复发，另 2 只犬仅在刚给予抗生素时症状出现一过性改善[12]。在这 2 只犬中，1 只犬在经过 5 年的间断性抗生素治疗后治愈了感染，

另一只犬经过数个疗程的抗生素治疗，最终在 12 个月后深部感染症状得以解决。在 Matthiesen 进行的研究中，抗生素疗法最初可成功消除接受 TECA-LBO 后出现深部感染患犬的临床症状[17]。症状复发后再次给予抗生素进行治疗，经过为期 12 个月的跟踪期后，该犬未表现出进一步的症状。在 Smeak 的报告中，9 只犬中仅有 1 只犬经抗生素治疗后成功永久性治愈了深部感染[11]，其余 8 只犬仅在最初治疗的前几周有效，但症状很快复发，最终还是接受了手术治疗。如果临床症状有所改善，且宠物保持舒适，那么就可以进行间歇性抗生素治疗，尤其是动物主人对手术治疗不感兴趣时。某些犬在经过长期（数月至数年）抗生素治疗后，最终治愈了深部感染。

1.10.2 手术疗法

手术探查是最持久和成功治疗深部感染的方法，但结果并不总是理想的。在 Holt 及其同事[12] 的研究中，抗生素治疗失败后，之前接受过 TECA-LBO 的 10 只犬中有 7 只经外侧入路探查后永久性解决了瘘管问题。在 Mason 及其同事[18] 的研究中，所有 3 只犬经腹侧入路探查后，深部感染问题均得以解决。在另一项回顾性病例研究中，唯一一只出现深部感染患犬经腹侧入路探查鼓泡后得以成功治愈[20]。在一项早期接受 TECA 患犬的回顾性研究中，4 只患犬在经腹侧入路探查深部感染后，有 3 只得以成功治愈[15]。但在同一研究人员后来进行的一项研究中，7 只经腹侧入路探查深部感染的患犬中，在首次探查后，仅有 1 只永久性根除了临床症状[11]。但在首次探查后临床症状复发的 5 只犬中，经相同入路再次手术探查后，均成功治愈了感染。在另一项报道中，出现深部感染的 2 只犬中，有 1 只犬在经外侧入路清除水平耳道残余物后成功治愈了感染。另外 1 只犬，首先经外侧入路探查，之后又经腹侧入路探查，但长期疗效均不理想，最终被安乐死[19]。这表明，计划进行深部伤口探查的外科医师应认真规划最佳入路以便彻底探查伤口，以避免漏掉最初伤口或鼓泡内的感染灶。

当犬需要进行探查性手术治疗复发性感染时，术后并发症很常见，尤其在采用外侧入路时。神经并发症（如摇头、内耳炎和面神经麻痹）已有报道[1, 12]。2/10 的犬经外侧入路探查瘘管后可发生面神经麻痹和外耳炎[12]。大多数神经并发症均可随时间推移而有所改善，但应告知动物主人某些神经症状是永久性的[12]。由于代价较高，动物主人通常会考虑手术探查做最后的努力，外科医师很可能会更积极地进行分离组织以彻底探查深部伤口和刮理鼓泡，以确保完全清除鼓泡内的上皮和碎屑。在手术探查过程中，遇到坚硬瘢痕组织和组织界面异常或缺乏导致解剖标识模糊，这会导致杂乱分离并损伤神经血管结构。

1.11 小结

外科医师必须认真清除耳道内所有残余物，以及外耳道和鼓室内的上皮，以帮助避免 TECA-LBO 后发生深部感染并发症。当切除耳道后出现顽固性深部感染或瘘管时，临床症状会比最初的外耳炎或中耳炎相关症状更为严重。适当抗生素治疗可缓解深部感染临床症状，但复发很常见。延长抗生素给药期可成功治愈少量患犬的深部感染。当抗生素治疗无法缓解深部感染临床症状或转为顽固性感染时，推荐进行手术探查。对比 CT 成像在定位感染灶时极为有用。如果无法通过高级成像确切定位感染灶，则推荐穿过原始切口使用外侧入路，因为可以沿骨性耳道和鼓室探查整个原始伤口。但通过外侧入路探查通常存在一定的限制，且再次探查后神经性并发症很常见。如果确定感染灶位于鼓泡或外耳道内，应首选腹侧入路，因为深部组织分离不会受到瘢痕组织的限制，且可以达到较宽的暴露面。此外，由于面神经位于腹侧入路平面的外侧，因此很容易加以保护。如果由经验丰富的外科医师认真进行探查，通常手术可最终成功治愈深部感染。如果首次探查后再次发生深部感染，再次手术探查或长期抗生素治疗可成功缓解感染的临床症状。

参考文献

[1] Smeak DD，Kerpsack SJ. Total ear canal ablation and lateral bulla osteotomy for management of end-stage otitis. Semin Vet Med Surg（Small Anim）1993；8（1）：30–41.

[2] Devitt CM，Seim HB 3rd，Willer R，et al. Passive drainage versus primary closure after total ear canal ablation-lateral bulla osteotomy in dogs：59 dogs（1985- 1995）. Vet Surg 1997；26（3）：210–216.

[3] Angus JC，Lichtensteiger C，Campbell KL，et al. Breed variations in histopathologic features of chronic severe otitis external in dogs：80 cases（1995-2001）. J Am Vet Med Assoc 2002；221（7）：1000–1006.

[4] Moltzen H. Canine ear disease. J Small Anim Pract 1969；10：589–592.

[5] Little CJ，Lane JG，Person GR. Inflammatory middle ear disease of the dog：the pathology of otitis media. Vet Rec 1991；128：293–296.

[6] Hardie EM，Linder KE，Pease AP. Aural cholesteatoma in twenty dogs. Vet Surg 2008；37（8）：763–770.

[7] White RAS，Pomeroy CJ. Total ear canal ablation and lateral bulla osteotomy in the dog. J Small Anim Pract 1990；31（11）：547–553.

[8] Spivack RE，Elkins AD，Moore GE，et al.

Postoperative complications following TECA-LBO in the dog and cat. J Am Anim Hosp Assoc 2013；49（3）：160–168.

[9] Cole LK，Kwochka KW，Hillier A，et al. Comparison of bacterial organisms and their susceptibility patterns from otic exudate and ear tissue from the vertical ear canal of dogs undergoing total ear canal ablation. Vet Ther 2005；6（3）：252–259.

[10] Smeak DD. Total ear canal ablation and lateral bulla osteotomy. In：Monnet E，editor. Small animal soft tissue surgery，vol. 1，1st edition. Ames（IA）：Wiley-Blackwell；2013. 132–144.

[11] Smeak DD，Crocker CB，Birchard SJ. Treatment of recurrent otitis media that developed after total ear canal ablation and lateral bulla osteotomy in dogs：nine cases（1986-1994）. J Am Vet Med Assoc 1996；209（5）：937–942.

[12] Holt D，Brockman DJ，Sylvestre AM，et al. Lateral exploration of fistulas developing after total ear canal ablations：10 cases（1989-1993）. J Am Anim Hosp Assoc 1996；32（6）：527–530.

[13] Smeak DD，Inpanbutr N. Lateral approach to subtotal bulla osteotomy in dogs：pertinent anatomy and procedural details. Comp Cont Educ Prac Vet 2005；27：377–384.

[14] Hettlich BE，Boothe HW，Simpson RB，et al. Effect of tympanic cavity evacuation and flushing on microbial isolates during total ear canal ablation with lateral bulla

osteotomy in dogs. J Am Vet Med Assoc 2005；227（5）：748–755.

[15] Smeak DD，Dehoff WD. Total ear canal ablation：clinical results in the dog and cat. Vet Surg 1986；15（2）：161–170.

[16] Smeak DD. Management of complications associated with total ear canal ablation and bulla osteotomy in dogs and cats. Vet Clin North Am Small Anim Pract 2011；41（5）：981–994.

[17] Matthiesen DT，Scavelli T. Total ear canal ablation and lateral bulla osteotomy in 38 dogs. J Am Anim Hosp Assoc 1990；26(3)：257–267.

[18] Mason LK，Harvey CE，Orsher RJ. Total ear canal ablation combined with lateral bulla osteotomy for end-stage otitis in dogs - results in 30 dogs. Vet Surg 1988；17（5）：263–268.

[19] Sharp NJ. Chronic otitis-externa and otitis-media treated by total ear canal ablation and ventral bulla osteotomy in 13 dogs. Vet Surg 1990；19（2）：162–166.

[20] Beckman SL，Henry WB Jr，Cechner P. Total ear canal ablation combining bulla osteotomy and curettage in dogs with chronic otitis externa and media. J Am Vet Med Assoc 1990；196（1）：84–90.

[21] Williams JM，White RAS. Total ear canal ablation combined with lateral bulla osteotomy in the cat. J Small Anim Pract 1992；33（5）：225–227.

[22] Bacon NJ，Gilbert RL，Bostock DE，et al. Total ear canal ablation in the cat：

indications, morbidity and long-term survival. J Small Anim Pract 2003; 44(10): 430–443.

[23] Marino DJ, MacDonald JM, Matthieson DT, et al. Results of surgery in cats with ceruminous gland adenocarcinoma. J Am Anim Hosp Assoc 1994; 30: 54–58.

[24] Mcanulty JF, Hattel A, Harvey CE. Wound-healing and brain-stem auditoryevoked potentials after experimental total ear canal ablation with lateral tympanic bulla osteotomy in dogs. Vet Surg 1995; 24 (1): 1–8.

[25] Garosi LS, Dennis R, Schwarz T. Review of diagnostic imaging of ear diseases in the dog and cat. Vet Radiol Ultrasound 2003; 44 (2): 137–146.

[26] Vogel PL, Komtebedde J, Hirsh DC, et al. Wound contamination and antimicrobial susceptibility of bacteria cultured during total ear canal ablation and lateral bulla osteotomy in dogs. J Am Vet Med Assoc 1999; 214 (11): 1641–1643.

[27] Mcanulty JF, Harvey CE, Hattel A. A preliminary-study of the effects of ventral bulla osteotomy and total ear canal ablation with lateral bulla osteotomy. Vet Surg 1985; 14 (1): 60.

[28] Harran XH, Bradley KJ, Hetzel N, et al. MRII findings of a middle ear cholesteatoma in a dog. J Am Anim Hosp Assoc 2012; 48: 185–189.

[29] Haudiquet PH, Gauthier O, Renard E. Total ear canal ablation associated with lateral bulla ostectomy with the help of otoscopy in dogs and cats: retrospective study of 47 cases. Vet Surg 2006; 35 (4): E1–20.

[30] Wolfe TM, Bateman SW, Cole LK, et al. Evaluation of a local anesthetic delivery system for the postoperative analgesic management of canine total ear canal ablation - a randomized, controlled, double-blinded study. Vet Anaesth Analg 2006; 33 (5): 328–339.

2 犬胆脂瘤的诊断与治疗

Marije Risselada，DVM，PhD

关键词　胆脂瘤；中耳；诊断；成像；手术治疗

要　点 ● 耳胆脂瘤为中耳的膨胀性病变；

● 临床症状为：引流瘘管、张口疼痛和神经功能缺损；

● 成像检测结果包括：中耳内软组织密度影和鼓泡骨质受损，其特点是渐进性病变；

● 存在神经症状的患犬预后较差；

● 可以对复发或持久症状进行长期药物治疗。

2.1 前言

2.1.1 疾病特性

中耳胆脂瘤是中耳的一种膨胀性病变，表现为局部破坏性疾病，虽然并非肿瘤，但外观呈侵袭性肿瘤样。

该病变由含有角质碎片的表皮样囊肿构成，内衬角化鳞状上皮[1-6]。由继发病变内错位的角化复层鳞状上皮角化过度造成，因此角化物会在囊内积累。这种积累会导致囊肿逐渐增大，从而对周围组织构

成压迫并产生潜在破坏作用[5]。囊肿扩张或破裂会导致炎性疾病，并引发感染，这已为大多数病例阳性培养物所证实。囊肿的继发性感染加重炎性反应，从而导致病情恶化[1]。

在患病动物中出现这种情况，最初被认为是继发于治疗外耳炎及中耳炎的全耳道切除术——外侧鼓泡截骨术（Total ear canal ablation-lateral bulla osteotomy，TECA-LBO）失败造成的，但最终该病被证明会发展成非手术或非医源性外伤的外耳炎 / 中耳炎主要条件或病因，如一项大型病例回顾性研究所

示[1]。中耳炎患犬胆脂瘤的发生率可高达11%[7]。

虽然尚未完全了解胆脂瘤的发病机制，但研究人员一致认为目前病因可分为两大类：先天性和后天性（**表2.1**）[6]。先天性胆脂瘤较为罕见且在犬中未见报道[1-4]。该病被定义为一种扩张性囊性肿块，在出生时出现，但通常诊断于婴儿期或幼儿早期[6]。

根据上皮剩余学说和后天包含学说，可对先天性胆脂瘤进一步细分[5]。按照上皮剩余学说，研究人员认为胎儿颞骨中存在上皮细胞巢。如果由于幼儿期发生影响鼓膜（Tympanic membrane，TM）或中耳的事件导致这些细胞进入中耳，就被称为获得性包含体[5]。

表2.1　中耳胆脂瘤分类及发病机制

	获得性			先天性（罕见）
	原发性	继发性		
病因	耳咽管长期通气不良	中耳炎或外伤并发症		
发病机制	TM收缩进入TC，从而导致黏附及胆脂瘤形成	上皮因慢性炎症化生为复层鳞状上皮	因触发因素（炎性过程）鳞状上皮跨桥（肉芽肿）经TM穿孔或破裂移行进入TC	上皮细胞穿过BM破损处侵入上皮下间隙	无需炎性触发因素或缺陷
学说	套叠学说 收缩学说	化生学说	移行学说		
物种	人		人，犬		人，蒙古沙鼠

缩略语：BM，基底膜；TC，鼓泡；TM，鼓膜。
数据引自参考文献[1]-[4]。

根据研究人员提出的发病机制，后天性胆脂瘤可分为4种不同的类型：1种原发性和3种继发性[1-4]。一般认为原发性是继发于咽鼓管功能障碍及耳咽管长期误通气，这会反过来导致鼓膜内陷进入鼓泡（套叠或收缩学说）[2, 4]。在一项研究中，结扎沙鼠咽鼓管确实会导致75%的沙鼠出现胆脂瘤，但在其他研究中试验性结扎咽鼓管并不会导致胆脂瘤[8]。

一般认为继发性是继发于慢性中耳炎、中耳外伤或继发于外耳道或中耳手术[1-4]。化生学说认为，鼓泡内正常存在的修饰性有纤毛呼吸上皮会因慢性炎症化生为复层鳞状上皮。第二种学说认为，鼓膜破损（穿孔、破裂或术后）会导致复层鳞状上皮从外耳道移行进入鼓泡，在鼓泡内由于慢性炎症会导致形成角蛋白并积累（移行学说）。第三种学说（侵入学说）认为鼓膜角化上皮细胞会穿过基底膜破损处移行进入鼓泡的上皮下间隙。

无论病因如何，胆脂瘤均会出现膨胀并逐渐侵蚀周围骨骼结构，之后还会进一步膨胀[4]，从而大体解释了受影响鼓泡骨出现溶解特征的原因。据推测，在胆脂瘤形成期间会激活蚀骨细胞，从而导致鼓泡内骨质发生溶解。通过镜检已经发现了蚀骨细胞，从而推断蚀骨细胞可能参与其中[10-12]。但在最近进行的病例回顾性研究中，于胆脂瘤性中耳炎患犬采集的骨骼中未检测到被激活的蚀骨细胞[9]。

2.1.2 症状标准

● 鼓泡中的膨胀性病变；

● 慢性外耳炎/中耳炎；

● 下颌开张时可能存在或不存在疼痛；

● 由于岩骨受损或面神经麻痹，可能存在或不存在神经症状。

2.2 临床检查

2.2.1 症状与病史

在文献中未发现存在明显品种倾向性，虽然猎犬及寻回犬似乎发病病例较多（巴哥犬 3 例，猎犬 10 例，寻回犬 6 例）[1, 3, 4, 13]，且发现公犬发生率较高，但这些发现并不显著，很可能是因为患犬数量较少。在人类也报道有类似的性别偏倚，但尚未解释原因[14]。

虽然胆脂瘤最常见于中年犬和老龄犬，但文献中报道的病例年龄范围为 2~12 岁[1, 3]。同样，尽管报道的症状持续时间存在差异（范围为 3~6 个月以上），但大多数犬均存在漫长的耳病病史[1, 3]。

现主诉包括：外耳炎、摇头、开口时疼痛或无法完全张口，以及神经症状[1, 3, 4, 13]。兽医文献中报道的大多数病例均为单侧发病。在 Hardie 及其同事进行的一项大型病例回顾研究中[1]，19 只患犬中有 15 只为单侧发病。在之后更近一些的文章中，除 1 例外其余均为单侧发病（**表 2.2**）[1, 3, 4, 13]。

不同研究之间术前发病率差异很大：Hardie 及其同事报道称，20 只患犬中有 3 只犬于术前（TECA-LBO 1 例，侧壁切除术 1 例和外耳道肿块切除术 1 例）发病，而在另两项研究中的所有病例均为术后发病。Schuenemann 和 Oechtering 报道的 2 例病例之前均接受过手术；Greci 及其同事报告的 11 例病例中，有 10 例之前接受过 TECA-LBO 手术，另外 1 例曾接受过 VBO 手术。

2.2.2 身体检查

现主诉包括：慢性外耳炎/中耳炎相关症状（摇头、触诊疼痛、有分泌物、肿胀、发红，有或无引流瘘管），开口疼痛或无法完全张口，以及神经症状（包括头部倾斜、面神经麻痹、运动失调和眼球震颤）。

无法张口或张口时不适是现主诉的常

表 2.2　兽医文献中的影像学检查结果

	X 线检查（1/1）[3]	CT	MRI（1/1）
单侧或双侧	单侧	单侧（15/19）[1]（11/11）[2]（10/11）[3]	–
中耳内容物	空气对比缺失	软组织密度影或软组织样物质	与脑组织等密度（T1W）混合密度（T2W&FLAIR）
鼓泡	鼓泡壁硬化症 鼓泡扩张	骨质增生（13/19）[1]（9/11）[2]（9/11）[3] 鼓泡溶解（12/19）[1]（8/11）[2]（5/11） 鼓泡扩张（11/19）[1]（10/11）[2]（11/11）[3]	鼓泡扩张 鼓泡壁增厚且形状不规则（T1W），混合密度（T2W）
颅盖	岩骨硬化症	颞骨鳞部或岩部内骨质溶解（4/19）[1]（5/11）[2]	颞骨岩部与 T1W 和 T2W 像呈低信号
软组织	–	淋巴结肿大（7/19）[1]	–
TMJ	–	同侧 TMJ 硬结症（10/11）[2, 3]	
造影剂	–	中耳组织对比增强（7/10）[1] 中耳组织无对比增强（11/11）[2, 3] 周围环状增强（4/11）[2]	内衬部分肿大（T1W）

缩略语：CT，计算机断层扫描；MRI，磁共振；FLAIR，液体衰减反转恢复；T1W，T1 加权；T2W，T2 加权；TMJ，颞下颌关节。
数据引自参考文献 [1]-[3] 和 [13]。

见症状，相关文献中 10 只犬中的 6 只[3] 及 20 只犬中的 4 只[1] 均是如此。Schuenemann 和 Oechtering 报告指出，由于占位性肿块压迫鼻咽腔 / 喉腔，还可见呼吸症状。

2.2.3 耳镜检查

大多数患犬均可出现耳漏（10 只犬中的 9 只）和 / 或触诊鼓泡部位时表现出疼痛（10 只犬中的 8 只）[3]。耳镜或视频耳镜检查所见类似于终末期外耳炎。Greci 及其同事[3] 对 11 例终末期耳炎病例中 4 例的耳内水平耳道的完全阻塞情况进行了描述。在其他病例中，外耳道均为开放性，使得检查人员可以看到胆脂瘤本身。这些胆脂瘤呈珍珠白至黄色生长物，从中耳腔向外耳道突出（Newman 及其同事[5]，2015，1 例病例；Greci 及其同事[3]，2011，3 例病例）。

2.2.4 神经系统检查

在对 10 只犬中的 5 只[3] 和 20 只犬中的 7 只[1] 进行身体检查时，50% 以上的犬均可表现出并发性神经系统症状或神经系统异常（头部倾斜、面神经麻痹和共济失调）。是否存在神经症状可作为手术治疗后症状复发的诊断指标[1]。

2.3 影像学检查

虽然对多种不同诊断方法进行了讨论，但计算机断层扫描（CT）或磁共振（MRI）均可作为评估中耳及中耳相关病变的首选方式，因为这些诊断方法可提供关于复杂结构部位病变的细节（**表 2.2**）[15]。

2.3.1 X 线检查

X 线检查可选作一线检查法或在无法进行 CT 或 MRI 检查时选用。在理想情况下，应在麻醉状态下进行且应包括侧位、20° 侧斜位、背腹位，以及前后张口位，以便更好地看到鼓泡。慢性中耳炎的描述性 X 线片特征包括：鼓泡内无气体、鼓泡壁增厚，以及有或无鼓泡增大，但外耳道会充有气体。肿瘤的 X 线片特征包括：鼓泡溶解、骨质增生，以及有或无软组织病变充满或延伸入鼓泡。这些检查结果不具特异性，且可见于中耳炎以及可影响鼓泡的其他病变[15]。

2.3.2 超声检查

在评估中耳病变时，对超声检查的使用进行了描述，但同时指出超声检查的准确性不如 X 线检查，且在很大程度上取决于操作者的技术水平[16]。但这可能对获取细针抽吸及直接活检样品有价值。

2.3.3 计算机断层扫描

据报道，鼓泡检查结果包括：骨质增生、溶解和硬化。鼓泡扩张（**图 2.1**－**图 2.3**）且内充有软组织样物质。也可能会涉及外耳道，内充有液体或软组织，虽然其他病例外耳道也可能充有气体（**图 2.2**）。

25%（Hardie 及其同事[1]）～50%（Greci 及其同事[3]）病例的颞骨鳞部或岩部内可见骨质溶解。

最初的报道表明，使用造影剂后，鼓泡内组织显示会有所增强；但之后的报道进一步确定了对比增强仅限于鼓泡内衬，且不涉及填充鼓泡的整个软组织结构[3]。其他报道表明慢性中耳炎病例鼓泡上皮内衬的对比增强仅限于直接与骨相邻的部位（Garosi 及其同事[15]），这与胆脂瘤相类似。肿瘤性病变最常为外耳道肿瘤侵入鼓泡，且外耳道内肿块的对比增强会存在差异。源于鼓泡内的侵入性肿瘤病变极为罕见，但会表现出某些相同的特点，如鼓泡内充有软组织以及鼓泡壁溶解，但通常不会表现出整个鼓泡相同的整体性扩张。

其他检查结果包括：局部淋巴结肿大（19 只犬中的 7 只）[1]或同侧颞下颌关节硬化症（11 只犬中的 10 只）[3]。

2.3.4 磁共振成像

MRI 已被用于进一步确定该病侵入颅

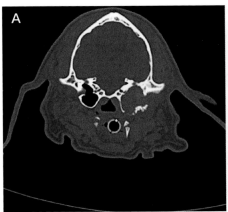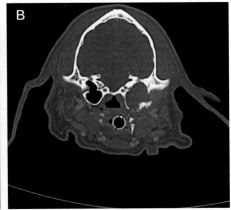

图 2.1　一只患有左侧胆脂瘤 7 岁去势雄性可卡犬的横断面 CT 图像。A. 给予造影剂前；B. 给予造影剂后。左侧鼓泡内的膨胀性软组织肿块表现为左侧颞骨硬结症。鼓泡壁可见溶解区域以及增厚和重建。肿块本身对比增强幅度极轻微

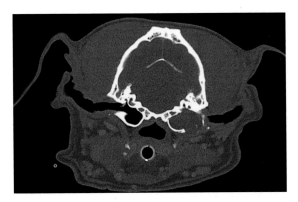

图 2.2　一只患有左侧胆脂瘤 6 岁去势雄性杂种犬的横断面 CT 图像。注意外耳道未受影响，但可见鼓泡扩张及受损。可见一软组织衰减性肿块扩张，并充满整个左侧鼓泡。鼓泡腹侧缘较薄且开裂；病变仅局限于中耳腔内

内的程度或对 CT 无法成像的部位进行检查[1, 5, 13, 17]。MRI 比较适用于确定软组织结构，如神经、血管，以及内耳结构，而 CT 较适用于评估骨的结构[15]。

　　MRI 检查结果包括：在 T1 加权像可见大幅扩张的鼓泡（内含与脑组织等密度物质），在 T2 加权像和液体衰减反转恢复（Fluid-attenuated inversion recovery，

FLAIR）图像可见混合密度物质[13]。与 CT 检查结果类似，鼓泡内衬（上皮）部位鼓泡内组织可见极轻微对比增强，但仅限于与骨直接相邻部位[5]。其他监测结果包括颞骨岩部溶解[5]。已对鼓泡肿瘤的磁共振特征进行了描述，但文献中病例数量太少，无法确定中耳胆脂瘤与中耳恶性肿瘤之间的明确特征。

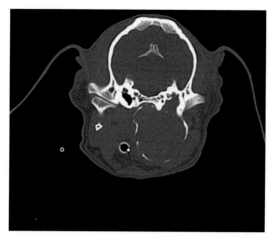

图2.3 一只10岁去势雄性西施犬的非对比横断面CT图像,可见左侧胆脂瘤。左侧鼓泡严重扩张,且充有软组织肿块。扩张的鼓泡会导致鼻咽变小,并导致口咽和喉明显狭窄并向右侧移位。与对侧相比,左侧颞肌和咬肌出现明显萎缩

2.3.5 鉴别诊断

需要考虑的鉴别诊断包括慢性外耳炎/中耳炎和耳肿瘤,要么是从外耳道侵入鼓泡,要么是源于鼓泡的肿瘤。

慢性中耳炎的CT图像还可显示充有组织或液体的鼓泡,有或无鼓泡骨质溶解,但无膨胀性生长特征和鼓泡扩张。

犬鼓泡肿瘤非常罕见。大多数常见肿瘤均是从外耳道侵入鼓泡(如耵聍腺腺瘤、耵聍腺腺癌和鳞状细胞癌)[18]。肿块外侧部分对比增强有助于鉴别中耳胆脂瘤和中耳肿瘤。

中耳肿瘤的成像检查结果与中耳胆脂瘤成像类似,但对比增强面积要大于胆脂瘤。组织学采样是区别胆脂瘤和肿瘤性病变的唯一确定性鉴别方法,但除了非常罕见的原发性中耳肿瘤外,耳镜检查、细胞学检查和影像学检查均应将中耳胆脂瘤作为主要鉴别诊断。

2.4 病理学

2.4.1 细胞学

在一篇报道中,活检压印涂片检查可见无核鳞状上皮细胞、少量炎性细胞、小群梭形细胞(据推测可能是纤维母细胞)和胞外细菌(球菌)[5]。

2.4.2 组织病理学

活组织检查结果与发现的角化上皮及角化碎屑一致(对6只耳进行了检查)[3]。

可见纤维结缔组织核,由增生性角复层鳞状上皮所覆盖。还可见内衬多层严重增生的角化上皮的囊性病变[3]。

在黏膜下层，可见胆固醇结晶大量堆积，而病变中心存在矿化部位和编织骨碎片，从而可得出胆固醇肉芽肿伴有骨化生（切口活组织检查）的组织病理学诊断[5]。

2.4.3 微生物学

培养结果显示与慢性外耳炎病例类似的结果。Hardie 及其同事[1] 发现在 16 只耳中有 14 只需氧菌培养呈阳性，其中有 3 只检测到了 1 种以上的细菌。Greci 及其同事[3] 报道称，12 只耳中有 8 只需氧菌培养呈阳性，只有 1 只耳检测到了 1 种以上的细菌。所检测到的细菌中，葡萄球菌最为常见，其余细菌分别为肠球菌属、绿脓杆菌、葡萄球菌属、变形杆菌属、假单胞菌属和大肠杆菌[1, 3]。

最近在慢性外耳炎／中耳炎患病动物中进行的一项回顾性研究表明，培养物阳性数占总培养数（$n=127$）的 89%，其中葡萄球菌属占 43%，其余细菌为肠球菌属、假单胞菌属、大肠杆菌和奇异变形杆菌[18]。

2.5 治疗

2.5.1 手术治疗

50% 的病例经手术治疗可以治愈。应优先进行早期手术干预，但即使是在疾病后期，无论是从诊断角度考虑还是从姑息疗法角度考虑，也推荐切除发病组织，并尽可能多地切除占位性软组织和病变。可通过切除鼓泡内物质消除疼痛刺激来进行姑息疗法。

有研究对后耳入路进行了描述，但对于首次手术治疗，鼓泡腹侧或背侧入路更受青睐。有研究试图通过保全外耳道并重建听小骨来保全听力及美观效果，从而对后侧入路进行了描述[19]。对于复发病例应优先使用腹侧入路，尤其是如果之前曾使用过外侧入路的话，因为这样可以更好地暴露鼓泡[1, 3, 19]。

可采用 TECA-LBO 治疗慢性外耳炎病例，因为这类疾病会同时患及外耳道和鼓泡（**图 2.1**）。在这些病例中，中耳胆脂瘤可能是外耳慢性疾病的延伸，伴有鼓膜受损，从而使化生性耳道上皮生长进入中耳。应小心翼翼做一良好入路进入鼓室，使我们能够积极切除病变组织。如果通过外侧入路无法完全切除鼓泡内扩张性病变，那么可联用外侧及腹侧入路以最大限度暴露病变组织[3]。根治性手术的目的在于完全切除，并用内镜检查鼓泡内是否存在残余病变组织辅助切除。此外，在手术中必须小心不要将复层鳞状上皮从外耳道移植至中耳，因为这是犬中耳胆脂瘤的发病机制之一[1]。

在某些病例中，中耳胆脂瘤会局限于中耳内，而不会明显患及外耳道（**图 2.2**）。对于这类病例，可采用腹侧入路 [腹侧鼓泡切除术（Ventral bulla osteotomy, VBO）]。必须小心以确保外耳道内无病变组织。放大（如使用手术放大镜）可有助于引导手术分离和切除病变组织。

无论采用哪种入路，必须小心以尽可能多地切除病变组织。显微镜或内镜可视化或联用两者可用于人类中耳胆脂瘤患者手术[20]。这种可视化还可有助于更容易地识别神经血管结构。

外侧入路或腹侧入路手术病例之间术后状况无差异。Hardie 及其同事将接受 TECA-LBO 或 LBO（如果之前曾接受过全耳道切除术）的病例平均分配至两组[1]，结果发现治愈的病例中有 5 例采用外侧入路，4 例采用腹侧入路；而复发的病例中有 8 例采用外侧入路，2 例采用腹侧入路。有 3 例病例接受了二次手术，均采用外侧入路行翻修手术[1]。

切除所有病变 / 患病组织以防复发才是关键所在，但即使是因靠近关键结构而无法完全切除病变组织的病例，也可长期存活，但需要长期周期性服用广谱抗生素[1, 3]。

术后并发症包括：面神经麻痹、症状复发、出现引流瘘管，以及无法解决之前存在的神经症状[1]。其发生率与之前报道的外 / 内耳炎患犬 TECA-LBO[18] 或犬腹侧鼓泡截骨术术后并发症发生率相似。

2.5.2 药物治疗

已有研究对术后复发病例或无法手术病例的长期抗生素治疗进行了描述。但不幸的是，这些疾病存在渐进性，随时间推移，胆脂瘤继续扩张会导致神经和 / 或呼吸症状恶化。

2.6 预后 / 复发

综合各个报告，术后未复发耳占总数的 50%。在 Hardie 及其同事进行的病例回顾性研究[1]中，有 9 只犬未出现复发，10 只犬存在永久性或复发性症状，而 Greci 及其同事进行的病例回顾性研究中[3]，有 7 只耳没出现复发。

Greci 及其同事[3]的报告显示，术后复发的平均时间为 7.5 个月（范围为术后 2～13 个月，5 只耳中有 4 只确诊复发）。在 Hardie 及其同事[1] 所进行的研究中，未治愈犬中有 5 只在术后 1～16 个月内再次出现神经症状，有 3 只犬分别于术后 2、16 和 31 个月再次出现无法张口，并接受二次手术（外侧入路），同时尽管需要长期周期性服用广谱抗生素，但也未死于胆脂瘤（首次术后 37、40 个月和大于 52 个月）。

对复发有显著影响（单变量分析）临床症状或影像学表现包括：无法张口、神经症状、鼓泡壁溶解，以及颞骨内溶解。但在使用逐步多变量分析时，只有神经系统症状被证明是该病复发的统计学显著预测因子[1]。

Greci 及其同事[3] 报告的神经系统症状显示，面部麻痹和共济失调在术后均得以解决，但术前存在的摇头在术后依然存在。

会导致临床症状复发或无法治愈的风险因素包括：19 例病例（1 例治愈，7 例未治愈）的无法张口，18 例病例中 11 例表现出的鼓泡骨质溶解（4 例治愈，7 例未治愈），18 例病例中 11 例表现出鼓泡扩张（4 例治愈，7 例未治愈），以及 18 例病例中 6 例表现出的颞骨骨质溶解（0 例治愈，6 例未治愈）。在未治愈患犬伤口提取物中仅培养出了假单胞菌属。与复发无关的因素包括：骨质增生（9 例治愈病例中 6 例，9 例未治愈病例中 6 例）和淋巴结肿大（9 例治愈病例中 4 例，9 例未治愈病例中 3 例）[1]。

在 Greci 及其同事[3] 报告的犬复发病例中，有 2 只经二次手术后成功治愈（二次手术 32 个月和 42 个月后未复发）。其他复发犬经过多次手术并继续给予药物治疗：1 只犬经 4 次手术治疗（1 次外侧鼓泡截骨术，3 次腹侧鼓泡截骨术）后仍存在永久性症状，另有 1 只在第二次复发后经过 2 次手术并给予药物治疗（类固醇类抗炎药联用广谱抗生素）[3]。

在 Hardie 及其同事[1] 报告的复发病例中，存在神经症状的 5 只犬中有 3 只未经翻修手术而被安乐死，另 2 只接受长期全身性抗生素治疗（其中 1 只在本文撰写时尚存活，另 1 只于首次手术 29 个月后死于不相关原因）。所有表现出无法或不愿张口的 3 只犬均接受了第 2 次手术，且均需要长期周期性全身抗生素治疗，其中 2 只分别于首次手术 37 个月和 40 个月后死于不相关原因，另外一只在本文撰写时（首次手术 52 个月后）尚存活[1]。

2.7 小结

手术治疗可以治愈该病。该病早期患犬的预后要比伴有颞骨溶解的长期患犬的预后要好[1]。对于复发患犬，可再次进行手术或长期给予药物治疗从而缓解临床症状。

参考文献

[1] Hardie EM，Linder KE，Pease AP. Aural cholesteatoma in twenty dogs. Vet Surg 2008；37（8）：763–770.

[2] Travetti O，Giudice C，Greci V，et al. Computed tomography features of middle ear cholesteatoma in dogs. Vet Radiol Ultrasound 2010；51（4）：374–379.

[3] Greci V，Travetti O，Di Giancamillo M，et al. Middle ear cholesteatoma in 11 dogs. Can Vet J 2011；52（6）：631–636.

[4] Schuenemann RM，Oechtering G. Cholesteatoma after lateral bulla osteotomy in two brachycephalic dogs. J Am Anim Hosp Assoc 2012；48（4）：261–268.

[5] Newman AW，Estey CM，McDonough S，et al. Cholesteatoma and meningoencephalitis in a dog with chronic otitis externa. Vet Clin Pathol 2015；44（1）：157–163.

[6] Olszewska E，Rutkowska J，Ozgirgin N. Consensus-based recommendations

on the definition and classification of cholesteatoma. J Int Adv Otol 2015; 11 (1): 81–87.

[7] Little CJ, Lane JG, Gibbs C, et al. Inflammatory middle ear disease of the dog: the clinical and pathological features of cholesteatoma, a complication of otitis media. Vet Rec 1991; 128 (14): 319–322.

[8] Jackler RK, Santa Maria PL, Varsak YK, et al. A new theory on the pathogenesis of acquired cholesteatoma: mucosal traction. Laryngoscope 2015; 125: S1–14.

[9] Koizumi H, Suzuki H, Ikezaki S, et al. Osteoclasts are not activated in middle ear cholesteatoma. J Bone Miner Metab 2015. [Epub ahead of print].

[10] Druss JG. Role which the epidermis plays in suppurations of the middle ear. Arch Otolaryngol 1933; 17 (4): 484–502.

[11] Schechter G. A review of cholesteatoma pathology. Laryngoscope 1969; 79 (11): 1907–1920.

[12] Uno Y, Satto R. Bone resorption in human cholesteatoma: morphological study with scanning electron microscopy. Ann Otol Rhinol Laryngol 1995; 104 (6): 463–468.

[13] Harran NX, Bradley KJ, Hetzel N, et al. MRII findings of a middle ear cholesteatoma in a dog. J Am Anim Hosp Assoc 2012; 48 (5): 339–343.

[14] Kemppainen HO, Puhakka HJ, Laippala PJ, et al. Epidemiology and aetiology of middle ear cholesteatoma. Acta Otolaryngol 1999; 119 (5): 568–572.

[15] Garosi LS, Dennis R, Schwarz T. Review of diagnostic imaging of ear diseases in the dog and cat. Vet Radiol Ultrasound 2003; 44 (2): 137–146.

[16] Doust R, King A, Hammond G, et al. Assessment of middle ear disease in the dog: a comparison of diagnostic imaging modalities. J Small Anim Pract 2007; 48 (4): 188–192.

[17] Sturges BK, Dickinson PJ, Kortz GD, et al. Clinical signs, magnetic resonance imaging features, and outcome after surgical and medical treatment of otogenic intracranial infection in 11 cats and 4 dogs. J Vet Intern Med 2006; 20 (3): 648–656.

[18] Spivack RE, Elkins AD, Moore GE, et al. Postoperative complications following TECA-LBO in the dog and cat. J Am Anim Hosp Assoc 2013; 49 (3): 160–168.

[19] Davidson EB, Brodie HA, Breznock EM. Removal of a cholesteatoma in a dog, using a caudal auricular approach. J Am Vet Med Assoc 1997; 211 (12): 1549–1553.

[20] Cohen MS, Landegger LD, Kozin ED, et al. Pediatric endoscopic ear surgery in clinical practice: lessons learned and early outcomes. Laryngoscope 2016; 126 (3): 732–738.

3 目前耳血肿的治疗方法

Catriona MacPhail，DVM，PhD

关键词　耳；耳郭；肿胀；引流；血肿

要　点　● 由于耳血肿最常见的病因是因潜在耳病导致的自体创伤；

　　　　● 忽视耳血肿会导致耳郭永久性变形；

　　　　● 有多种方法可以成功治疗耳血肿；

　　　　● 只要控制好耳病，复发风险较低。

3.1 前言

　　耳血肿是指耳内充满血性液体的波动性肿胀，会影响犬、猫耳郭的内凹面（**图 3.1**）。这种状况多由剧烈晃动头部产生的剪切力或继发于外耳炎的耳部抓伤所致，但某些受影响动物不存在潜在耳病迹象。血管受创并与下层软骨分离后，血性液体会在内耳郭皮下积聚。出血具体部位尚不明确，但一般认为来自耳软骨层内、软骨层下或软骨层之间的大耳动脉分支和静脉。这些血管会穿过耳舟为耳内凹面提供营养。

　　关于病因的另一种理论涉及潜在性免疫疾病。一群患有耳血肿的犬、猫在从耳中提取的血清和体液中均发现抗球蛋白试验阳性，虽然有一小部分有阳性的抗核抗体（Antinuclear antibodies，ANA）实验和鉴定免疫球蛋白 G 沉积在皮肤表皮交界处 [1]。但在另一项关于犬的研究中，未发现耳血肿患犬抗球蛋白试验呈阳性，或存在阳性抗核抗体滴度，虽然对活组织进行组织病理学检查表明存在与过敏反应有关的证据 [2]。

3.2 患病动物评估概述

　　虽然长耳及下垂耳犬种的发病风险较高，但耳血肿可发生于任何品种或年龄的犬、猫。应评估动物是否存在外耳炎的迹

图 3.1　右耳患有耳血肿的 3 岁家养短毛猫，继发于耳螨感染导致的抓伤

象，尤其是查看有无耳螨（Otodectes cynotis）感染的迹象。由于手术治疗需要进行全身麻醉，所以定期验血通常可看作对整体健康状况的评估。

3.3　治疗方法

存在多种可用于治疗耳血肿的方法，但无论如何，治疗任何潜在耳病对于最大限度降低血肿复发至关重要。

3.4　非药物疗法

如果不对耳血肿进行任何特异性治疗，那么就会导致耳郭发生继发性纤维化和收缩。可进行简单细针抽吸对血肿进行引流，但很可能会复发。如果选择这种疗法，每日对血肿进行引流可防止早期复发[3]。于血肿最相关部位插入大号（16G ~ 20G）皮下注射针之前，应对耳郭凹面进行剃毛并做好准备。可用无菌盐水进行冲洗，以便清除血凝块和纤维蛋白。

框 3.1 列出了疗效各不相同的其他引流方法，通常是插入引流管并将其固定于耳郭凹（内）面。在最近的一项研究中，对 5 只成功治疗犬耳血肿的病例进行了描述，该研究是从耳郭凸（外）面插入引流管[4]。

3.5　药物疗法

经不同途径同时给予皮质激素类药物已被用于与各种引流法和手术疗法联用。每日静脉给予地塞米松（0.5 ~ 2mg/kg）可治愈 85% 以上的病例[5]。口服强的松可有助于减少摇头和抓挠，还可有助于治疗耳病相关炎症[3]。引流后直接向血肿腔内注射地塞米松、甲泼尼龙和去炎松**框 3.2** 可成功治愈 90% 以上的病例[5-7]。

框 3.1　耳血肿引流法

乳头插管
带孔硅橡胶管
烟卷式引流
蝴蝶插管（闭式吸引引流）

数据引自：Lanz OI, Wood BC. Surgery of the ear and pinna. Vet Clin North Am Small Anim Pract 2004；34：567‐599.

框 3.2　相关报道中病灶内注射糖皮质激素剂量

地塞米松：0.2~0.4 mg/kg，经盐水给药，每 24h 1 次，连用 1~5d
甲泼尼龙：0.5~1.0 mL，每 7d 1 次，连用 1~3 周
去炎松：0.1~1.0 mL，每 7d 1 次，连用 1~3 周
数据引自参考文献 [5]-[7]。

3.6 手术疗法

最常用的手术疗法包括进行在耳郭凹面做一曲线（S 形）切口，并在整个耳郭进行全厚度交错纵向缝合（**图 3.2**）：

（1）按标准程序剃毛并做好准备后，用棉球或纱布堵住耳道以防液体或血液进入耳道；

（2）于耳郭凹面血肿上面穿透皮肤做一大 S 形曲线切口（**图 3.2，A**）；

（3）按摩耳郭，以便排出所有血凝块；

（4）用大量无菌盐水冲洗切口，以清除任何血凝块或纤维蛋白；

（5）在整个血肿部位，采用单股非吸收性缝合线进行多道、交错、全厚度间断褥式缝合，与耳郭长轴平行（**图 3.2，B**）。按图示进行缝合，使线结位于耳郭凹面。

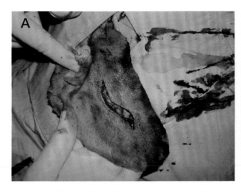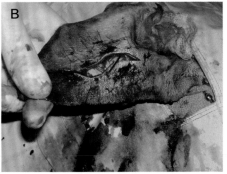

图 3.2　犬耳血肿传统手术疗法。A. 与耳郭凹面做一 S 形切口；B. 多道交错缝合，与耳郭长轴平行

笔者通常使用 2-0 至 3-0 号聚丁烯酯或聚丙烯缝合线和直三角针。

最近在一项对 23 只犬进行的研究中对一种替代手术技术进行了描述[8]。在于耳郭凹面做纵向切口后，于切口两侧皮内进行多道（1~3 道）平行缝合，从而可避免耳郭外出现缝合线（**图 3.3，A**）。从耳郭凹面皮内层向软骨进针（**图 3.3，B**）。采用单股可吸收缝合线（3-0 或 4-0 号糖酸聚合物 631）以免需要拆线。所有犬均未出现复发，且 91% 的犬未见耳部畸形。研究人员指出，该技术的优势在于几乎不需要术后护理、无外部缝合线导致的不舒适或刺激，而且不需要拆线。

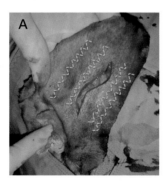
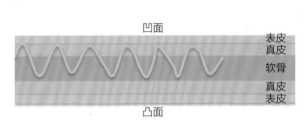

图 3.3　耳血肿皮内缝合技术。A. 与耳郭凹侧面沿与切口平行方向做 1~3 道皮内缝合；B. 耳郭纵向剖面示意图，从凹侧真皮层进针穿过软骨但不穿透凸侧面做连续缝合

其他手术技术包括使用 4~6mm 皮肤活检打孔器或二氧化碳（CO_2）激光做一圆形开口。在使用皮肤打孔器时，从整个血肿部位取多个部分厚度的组织片，每个孔之间间距大约 1~1.5cm[9]。使用 3-0 至 4-0 号单股缝合线采用单次单纯间断缝合法缝合每个孔的皮肤边缘。

在包含 8 只犬的研究中对 CO_2 激光的使用进行了描述[10]。采用该方法时，在血肿最严重部分做一 1cm 大小圆形部分厚度切口（仅进入血肿），以方便引流及冲洗血肿腔。然后在整个血肿表面做多个全厚度 1~2mm 的圆形切口，目的在于刺激软骨层之间形成粘连，因为软骨在愈合过程中会出现纤维化。该方法疗效及外观令人满意，且尚无报道称血肿会复发。

目前已有治疗耳血肿的无缝合手术技术（血肿修复系统，Practivet，美国亚利桑那州凤凰城）。在耳郭凹面做一纵向切口后，将预制成形的硅胶垫置于耳郭两侧。用针头从内侧穿向外侧，以便在整个耳表面放置锁定夹和锁定环（www.practivet.com）。硅胶垫最多保留 3 周，但每天都需要检查以观察有无压迫坏死迹象。

3.7　术后护理

无论选择哪种血肿治疗法，头部是

否需要绑绷带尚存争议，因为保持绷带完好非常困难。但如果耳部绷带松脱，犬会继续晃动头部。犬和猫至少需要使用伊丽莎白圈以防搔抓造成自我创伤。绑有头部绷带时，应能让医师查看耳道，以便必要时治疗潜在耳病。笔者更喜欢用血肿固定垫来固定耳部。使用额外水平褥式缝合将耳垫固定于耳部，并保留 3d。血肿固定垫市上有售（Buster Othaematoma Compress，丹麦 Kruuse 公司），但也可用大多数兽医院都有的材料自行制作（**框 3.3，图 3.4**）。无论使用哪种治疗方法，外部缝合至少应保留 3 周。

框 3.3　耳血肿固定垫

材料（**图 3.4，A**）
　几片使用过的 X 线胶片
　使用过的手术用刷洗刷
　家用氰基丙烯酸酯（如万能胶）
制作方法
　（1）清除刷洗刷上的海绵，并分成两半，以降低海绵厚度
　（2）在 X 线胶片上画出耳郭轮廓
　（3）将海绵粘在 X 线胶片上，并完全覆盖耳郭轮廓

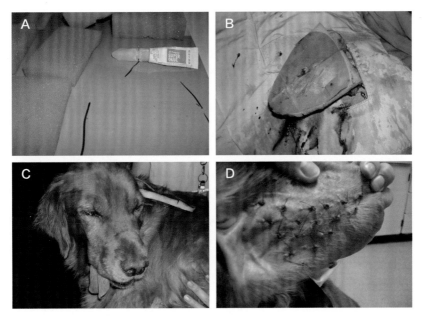

图 3.4　耳血肿固定垫制作。A. 所需材料包括：用过的手术海绵、家用万能胶和用过的 X 线胶片；B. 将耳血肿固定垫直接贴附于耳郭凹面，并做 3~4 次全厚度缝合；C. 使用耳血肿固定垫后的术后外观；D. 移除耳血肿固定垫后的耳郭外观

3.8 预后

图 3.5　经手术治疗耳血肿后，猫耳软骨缺失

无论选择哪种治疗方式，只要对潜在耳病给予适当护理，耳血肿复发可能性就会非常低。耳郭外观会发生变化，立耳和半立耳犬或猫可能会出现耳郭软骨缺失（**图 3.5**）。

参考文献

[1] Kuwahara J. Canine and feline aural hematoma: clinical, experimental, and clinicopathologic observations. Am J Vet Res 1986; 47: 2300–2308.

[2] Joyce JA, Day MJ. Immunopathogenesis of canine aural haematoma. J Small Anim Pract 1997; 38: 152–158.

[3] Lanz OI, Wood BC. Surgery of the ear and pinna. Vet Clin North Am Small Anim Pract 2004; 34: 567–599.

[4] Pavletic MM. Use of laterally placed vacuum drains for management of aural hematomas in five dogs. J Am Vet Med Assoc 2015; 246 (1): 112–117.

[5] Kuwahara J. Canine and feline aural haematomas: results of treatment with corticosteroids. J Am Anim Hosp Assoc 1986; 22: 641–647.

[6] Seibert R, Tobias KM. Surgical treatment for aural hematoma. NAVC Clinician's Brief 2013; 3: 29–32.

[7] Romatowski J. Nonsurgical treatment of aural hematomas. J Am Vet Med Assoc 1994; 204: 1318.

[8] Gy}orffy A, Szija'rto' A. A new operative technique for aural haematoma in dogs: a retrospective clinical study. Acta Vet Hung 2014; 62: 340–347.

[9] Smeak DD. Surgery of the ear canal and pinna. In: Birchard SJ, Sherding RG, editors. Saunders manual of small animal practice. 3rd edition. St Louis (MO): Elsevier; 2006. 582–592.

[10] Dye TL, Teague HD, Ostwald DA Jr, et al. Evaluation of a technique using the carbon dioxide laser for the treatment of aural hematomas. J Am Anim Hosp Assoc 2002; 38: 385–390.

4 犬、猫的耳、鼻咽及鼻息肉的治疗

Valentina Greci，DVM，PhD，Carlo Maria Mortellaro，DVM

关键词　息肉；耳；鼻咽；鼻；猫；犬

要　点　• 猫炎性息肉为良性生长物，通常源于鼓室或咽鼓管；

- 根据临床症状、诊断性成像和组织病理学作出诊断；微创及手术切除息肉均有疗效；

- 猫鼻错构瘤为起源于鼻腔自然组织的良性病变，虽然具有膨胀性，但经手术或内镜切除后预后良好；

- 犬炎性息肉极为罕见；在犬中耳及鼻腔也可见不同的息肉样肿块，但这些病变的组织起源很可能与猫不同，且切除后治疗不一定成功。

4.1 猫炎性息肉

4.1.1 概述

猫炎性息肉（Feline inflammatory polyp，FIP）为猫耳道或鼻咽内最常见的非肿瘤性有蒂生长物。据推测，猫炎性息肉起源于鼓泡上皮内衬（耳炎性息肉）或耳咽管。当起源于耳咽管时，会生长入鼓室（中耳息肉）或鼻咽（鼻咽息肉）或朝两个方向生长（较少见）。双侧息肉也有报道，但并不常见[1-14]。

猫炎性息肉的病因尚存争议。息肉是先天存在，或是对慢性病毒感染炎性过程的反应，还是慢性中耳和/或上呼吸道炎症结果尚不明确[2-4, 7-10, 14-21]。

猫炎性息肉由存在一个核心的松散

排列的纤维血管组织组成，由复层鳞状或柱状上皮所覆盖。在基质内可见炎性细胞（主要是淋巴细胞、浆细胞和巨噬细胞），且在组织黏膜下区域尤为密集，黏膜通常会发生溃疡 [2, 7-9, 14, 19, 20]。

根据病史及身体检查对猫炎性息肉作出假设性诊断，由成像检测内镜评估提供支持，通过活检样品的组织病理学检查进行确诊 [7-10, 13, 14]。

虽然报道称猫炎性息肉可发生于所有年龄的猫，但多发于平均年龄为 1.5 岁的猫 [2, 4, 7-9, 14, 20]。笔者曾于来自同一血统但生活环境不同的缅因库恩猫同胞及两只缅因猫诊断出了猫炎性息肉。有人认为，由于从缅因库恩猫同胞诊断出了猫炎性息肉，则该病可能为先天性疾病 [22]。缅因库恩猫的猫炎性息肉可能为遗传性或先天性，或者此病在这种猫中具有遗传倾向 [22]。

事实上，该病临床症状通常呈渐进性和慢性。耳炎性息肉通常会导致慢性外耳炎，患猫通常会表现出摇头和耳漏。耳分泌物性状从蜡性至脓性不等 [9, 13, 14]。当在耳道内看到息肉时，表明息肉已穿过破裂鼓膜突出，通常会表现出中耳炎 [9, 10, 16, 17, 20, 23]。在患及中耳、内耳时，也可观察到神经系统症状，如霍纳综合征、摇头、共济失调、眼球震颤、转圈，以及面神经麻痹 [2-5, 7-11, 13, 14, 16-20]。鼻咽息肉患猫的最常见临床症状为鼻分泌物、鼾声呼吸、逆向喷嚏和打喷嚏 [2-9, 11, 16-20]。

罕见报道其他症状及与炎性息肉有

关的其他状况，如吞咽困难、食管扩张、返流、肺动脉高压、息肉性囊肿、下颌下肿胀、化脓性脑膜脑炎，以及重度呼吸困难 [5, 8, 9, 11, 12, 24-29]。

通过传统及视频耳镜均可看到耳息肉。在某些猫，可见耳息肉直接从外耳道突出 [2, 8-10, 14, 24]。

可根据对鼻咽进行手指触诊、向前牵拉软腭或逆向鼻镜检查来确诊鼻咽息肉 [2, 7-9, 14, 20, 24]。继发性中耳炎通常伴有鼻咽息肉，因为肿块会阻塞耳咽管，从而导致黏液在鼓室内积累 [2, 8-10, 17, 20, 23]。

4.1.2　影像学检查

4.1.2.1　常规 X 线检查

X 线检查可用于鉴别鼻咽内的软组织肿块，以及评估外耳道内气体对比缺失和鼓室的增厚。当存在这些症状时，对于中耳疾病的诊断呈特异性 [4, 8, 14, 20, 26, 30-33]。鼻咽息肉通常鉴于标准外侧投照或斜外侧投照（**图 4.1**）[20, 26, 31, 33]。

对于猫，会通过一薄层骨性隔膜将鼓室不等分为两个腔室，从而呈现双腔样外观。在 X 线平片，检查骨片的最佳图像为右及左侧斜位及前后位投照。在上述视图，正常鼓泡于颅底处呈薄壁、充有空气的圆形结构（**图 4.2**）。前后位投照对于评估鼓泡及水平耳道极为有用 [30, 31, 33-35]。由于鼓泡与颞骨岩部存在部分叠加，因此背腹位及腹背位投照诊断性较差 [30, 33]。

耳息肉患猫较为明显的 X 线检查变化

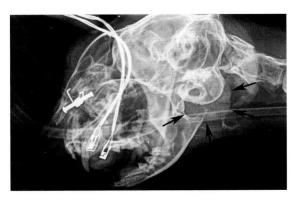

图 4.1 鼻咽息肉患猫的 30°侧位咽部软组织密度影

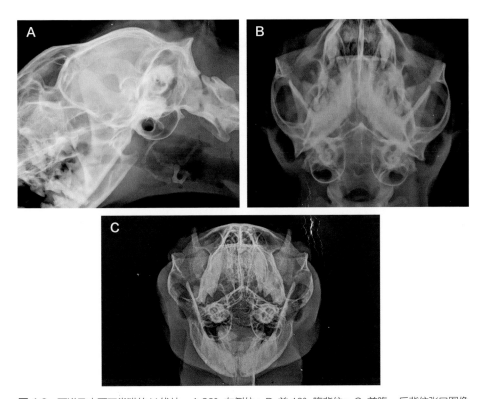

图 4.2 耳道及中耳正常猫的 X 线片：A.30°左侧位；B. 前 10°腹背位；C. 前腹－后背位张口图像

包括：耳道和／或鼓泡内气体对比缺失、鼓骨增厚，以及咽或耳道内存在软组织肿块；岩骨内的硬化症可表明存在内耳炎（**图 4.3**）[14, 26, 30, 31, 33]。某些炎性息肉患猫的 X 线平片可能显示正常；对于这些猫炎性息肉病例，通常由内镜检查或高级影

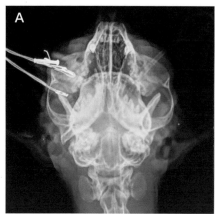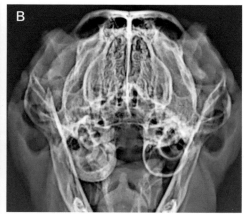

图 4.3 猫中耳不同 X 线片。A. 鼓泡及中耳内气体对比缺失，且右鼓泡轮廓有轻微增厚；B. 鼓泡轻微肿大、鼓泡轮廓及中隔严重增厚、岩骨溶解、右鼓泡及耳道内气体对比缺失

像学检查来进行诊断 [14, 26, 30, 31, 33]。

4.1.2.2 计算机断层扫描

计算机断层扫描（Computed tomography，CT）可拍摄外耳、中耳、内耳及鼻咽的横断面图像。颅骨摆位应准确以便进行对称比较；CT 成像具有可在不同平面成像和消除骨结构周围叠加的优点。此外，CT 成像可提供较高的软组织对比分辨率 [8, 20, 26, 30, 31, 33]。

CT 能够对鼓室内外液体或组织、鼓泡轮廓变化、是否存在骨质增生和 / 或肉质溶解迹象进行评估。较薄层厚可提供较高的中耳及内耳结构解剖细节 [30, 31]。CT 在确定患病鼓泡部位以及鼓室和鼻咽小肿块早期检测方面更具特异性。因此，鉴于上述优点，CT 成像优于常规 X 线检查，所以可为疑似患有鼓膜肿块的猫提供更具体的预后及治疗方案 [30, 33]。

在 CT 图像中，猫炎性息肉通常呈卵圆形均质占位性致密结构，界限清晰，且可见边缘增强（**图 4.4**）[26-30, 36]。更具侵袭性的感染和肿瘤疾病通常表现为骨质增生和鼓泡溶解性病变。在对比 CT 图像中，与猫的炎性息肉相比，这些侵袭性疾病可表现为明显造影剂性增强 [27, 30, 31, 36]。

4.1.2.3 MRI

仅有少量报道提及了 MRI 在猫耳病诊断中的应用。与炎性息肉患猫类似，由于该部位存在血管组织性内衬，因此其他炎性中耳疾病的特点通常为沿鼓泡内缘可见对比增强。除非鼓泡内明显可见骨质增生和 / 或溶解性变化，否则难以区分炎性息肉和中耳炎的炎性组织，或鼓室内的早期肿瘤性疾病 [8, 20, 29-31, 37, 38]。但 MRI 适用于存在并发性周围神经及中枢神经系统疾病的患猫，从而在怀疑为更具侵袭性的疾病时，

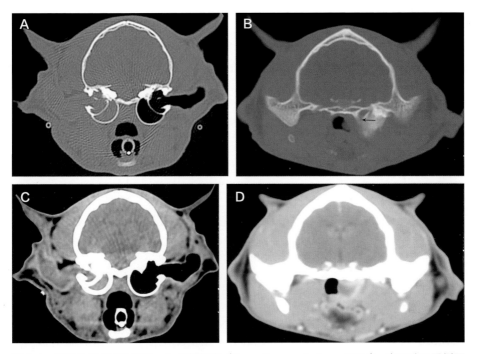

图 4.4　猫炎性息肉 CT 图像。A. 骨组织窗（Bone tissue window，BTW）：中耳腔及同侧耳道充有均质性软组织致密结构；B. 骨组织窗：软组织密度影部分充满鼻咽，且可见同侧咽鼓管肿大（黑色箭头所示）；C、D. 同一猫给予造影剂后的软组织窗：病变呈卵圆形均质占位性软组织致密结构，界限清晰且边缘对比增强（C 和 D 由意大利米兰市 Gran Sasso 兽医诊所 Simone Borgonovo 博士提供）

可更好地评估内耳及周围神经结构[26, 29]。

4.1.2.4　内镜

在评估猫炎性息肉时，均使用内镜对耳道及鼻咽进行检查。

耳镜检查通常可见蜡性耵聍或脓性渗出物。清理耳道后，耳息肉通常呈浅粉色至浅红色圆形，有时呈多叶状或溃疡性肿块，位于耳道或鼓室内（**图 4.5**）[9, 10, 14]。当发现肿块未成猫炎性息肉样时，应首先进行细针穿刺活检或内镜捏夹活检以进行确诊，并制订适当治疗方案（**图 4.5，D**）[14, 39]。

由于继发于鼻咽炎症或受鼻咽息肉压迫导致耳咽管引流受损，通常可见对侧鼓膜增厚、不透明或凸出。如果怀疑小块息肉源于凸出鼓膜后侧，可行鼓膜切开术以对鼓室进行探查（**图 4.6**）。

通过内镜或使用带钩器械（如卵巢牵引钩）向前牵拉软腭可看到鼻咽息肉（**图 4.7**）。

4.1.3　治疗

通过微创及传统手术切除猫炎性息肉

均有报道。

4.1.3.1 微创法

牵拉/撕脱息肉 牵拉/撕脱为最简单的治疗方法，不需要专用器械。通常使用带齿抓钳（弯钳、Allis 钳或鳄鱼钳）夹住息肉，并通过用力牵拉加扭转摘除，直至息肉从蒂处脱落[2, 3, 7 - 10, 17, 20, 24]。

耳息肉可在对耳进行例行清理后，通过将猫置于侧卧位来摘除。多叶状息肉比较难以摘除，因为这种息肉往往会发生断裂且肿块破裂表面会出血；需要重复夹持以便压实肿块。在这种情况下，可能会残留一部分息肉蒂，这会增加息肉复发的风险。通过行外侧耳道切除术可更好地暴露

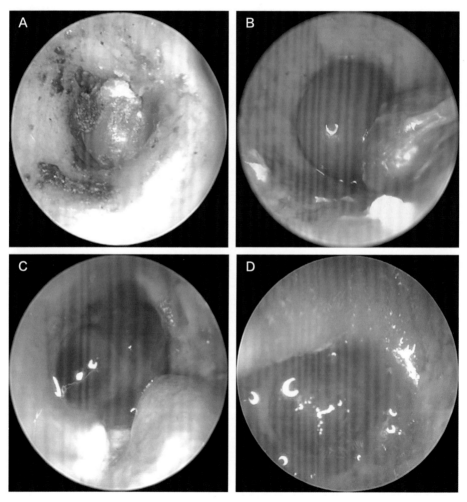

图 4.5 内镜下耳炎性息肉的不同外观。A. 从鼓膜后突出的息肉；B. 穿过破裂鼓膜突出的息肉，在右侧仍可见鼓泡的一部分；C. 多叶状溃疡性息肉；D. 高度血管化的卵圆形粉红色息肉，对肿块进行活检以进行确诊

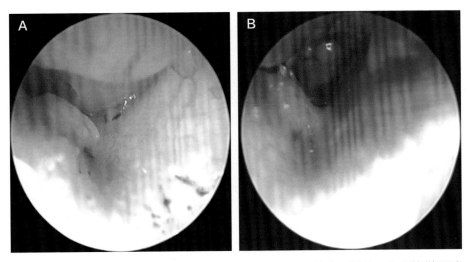

图 4.6 耳炎性息肉患猫的耳镜检查视图。A. 行鼓膜切开术前可见鼓膜严重膨出；B. 行鼓膜切开术后，可见一小块中耳息肉

图 4.7 向前牵拉软腭后可见鼻咽息肉

息肉，但很少需要这样做 [7, 9, 10, 17, 20, 24]。

可将猫置于侧卧位来摘除鼻咽息肉；用手指按压软腭前侧、向后推肿块，或用卵巢牵引钩向前牵拉软腭，或预先将软腭末端进行固定缝合，即可看到鼻咽息肉（**图 4.8**）。通过直接切开息肉正上方的软腭中线可进一步暴露息肉，但很少需要这样

做。如果选择进行悬雍垂切除术，那么应距离软腭 5cm 并保持软腭完整，以避免术后切口裂开。通过固定缝合使切口边缘回缩，可有助于进一步暴露。可用可吸收缝合线修复软腭两层 [2-5, 7-10, 18, 20, 24]。

牵拉或撕脱鼻咽息肉后，预计会出现极轻微至中度出血，但一般会自动止血，或经

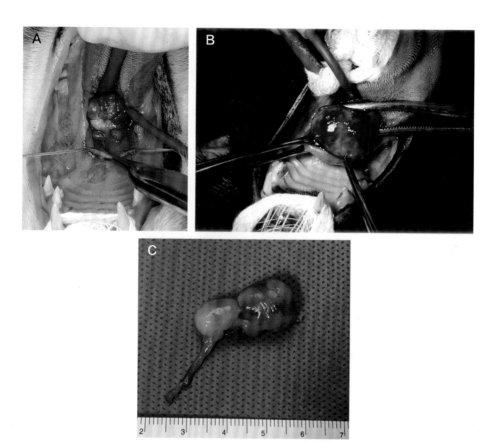

图4.8 牵拉－撕脱鼻咽息肉。A.可通过解剖钳/夹或通过固定缝合轻轻牵拉软腭来暴露鼻咽部（如图所示）；B.然后用止血钳夹住并牵拉息肉，直至息肉蒂脱落；C.一个3cm大小卵圆形经蒂附着的浅粉色双叶状鼻咽息肉，注意源于并充满咽鼓管的长息肉蒂

向背侧按压腭区数分钟也可止血[10, 14]。

经内镜摘除息肉　最近，有研究对内镜经鼓膜牵拉（Per-endoscopic transtympanic traction, PTT）摘除术进行了描述[14]。清理耳道并将患病动物置侧卧位后，在直接内镜观察下，用内镜钳夹住息肉，并采用旋转移动牵拉，直至息肉脱落。

摘除息肉后，鼓室内软组织或息肉残余部分——"足迹"，在直接内镜观察下利用福尔克曼氏匙或刮勺刮除（**图4.9**）。

如果有必要，在内镜观察下，可用捏夹活检钳移除分隔猫双腔鼓室的中隔。此法会出现轻微出血，通过用无菌冷藏的0.9%氯化钠溶液冲洗即可很容易地止血[14]。

激光切除息肉　二氧化碳激光息肉切除术是另一种比较有前景的耳息肉切除技术，该技术可在视频耳镜观察下进行。将120mm长专用刚性激光头穿过专用视频耳镜的2mm工作通道安装好。较小的息

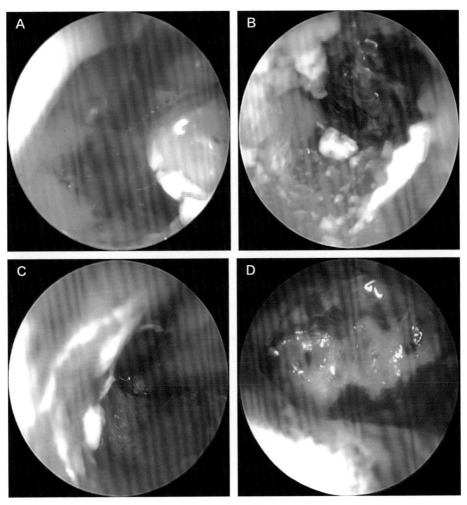

图 4.9　内镜经鼓膜牵拉手术分布内镜图像。A. 经内镜夹住鼓室内的息肉；B. 摘除息肉后图像，鼓室右上方可见残余组织；C. 行内镜刮除术时刮勺的使用；D. 经内镜刮除残余软组织后鼓室的骨表面

肉可直接用激光汽化来缩小息肉体积，然后通过冲洗来清除烧焦的组织。可重复进行该激光手术，直至将息肉蒂清除干净。

对于较大的息肉，可将激光头沿水平耳道底推入鼓室息肉肿块下；然后利用激光能量使整个息肉汽化，或部分汽化以方便牵拉摘除。之后，将激光头置入鼓泡腔对准残余息肉蒂，并利用激光能量直至息肉蒂消失 [10, 20]。

4.1.3.2 开放手术切除

兽医外科医师已提出将腹侧鼓泡截骨术（Ventral bulla osteotomy，VBO）作为猫炎性息肉的治疗方法，因为同时患及中耳的发生率较高 [4, 7-10, 13, 16, 19, 20, 32, 40-42]。由于猫具有双腔鼓室，因此腹侧鼓泡截骨术可通过破坏分割两个腔的中隔来完全暴

露双腔 [10, 14, 24]。

即使经 X 线检查未显示患及中耳，一些研究人员仍建议行腹侧鼓泡截骨术 [20, 40-42]；一些其他研究人员推荐行腹侧鼓泡截骨术来提高仅存在鼻咽息肉患猫的疗效和降低复发风险 [8, 11, 18, 41]。需要开展术后临床试验对猫炎性息肉的随机微创疗法和开发手术疗法进行比较，以有助于确定炎性息肉患猫的最佳治疗方法。

即使没有耳息肉或中耳炎 X 线检查证据，鼻咽息肉或耳息肉患猫也可表现出中耳疾病症状，据认为这些症状是由继发于鼓室内压力变化和黏液积累所引发。这些症状通常会在微创法摘除息肉以及术后服用皮质类固醇药物后消失 [23]。在这些病例中，开放性手术切除已受到质疑，推荐采用微创法摘除息肉。腹侧鼓泡截骨术更具侵入性，且与牵拉／撕脱（有或无外侧耳道切除术）或切开软腭或内镜经鼓膜牵拉相比，并发症发生率较高 [7, 10]。

根据笔者经验，只有息肉在经微创法牵拉／撕脱后短期内复发两次的情况下，才能行腹侧鼓泡截骨术。

腹侧鼓泡截骨术可能适用于水平耳道轻微至中度狭窄的患猫。这种狭窄会限制采用内镜经鼓膜牵拉或外侧耳道切除术后行鼓室内衬黏膜刮除术。全耳道切除术和外侧鼓泡截骨术（Total ear canal ablation and lateral bulla osteotomy，TECA-LBO）通常适用于更具侵袭性的耳病；但一些慢性猫炎性息肉病例会表现出严重水平耳道狭窄或黏附于耳道壁，因此不能完全根除息肉。对于这些病例，TECA-LBO 会是最佳的手术方法 [13, 43, 44]。

采用不同方法摘除息肉后的并发症与复发　无论采用哪种方法摘除息肉，均有可能发生术后并发症，包括：霍纳综合征、前庭症候群、面神经麻痹、慢性中耳炎和内耳炎，这些并发症既可以呈一过性，也可呈永久性 [7-11, 14, 18, 20, 40-42]。

由于与开放手术法相比，微创法摘除息肉的并发症发生率较低，因此应首选微创法。采用内镜经鼓膜牵拉治疗猫的霍纳综合征发生率（8%）低于经腹侧鼓泡截骨术（57% ~ 95%）或单独使用牵拉（43%）治疗发生率。在某些经腹侧鼓泡截骨术治疗的猫，霍纳综合征可能为永久性。通过腹侧鼓泡截骨术和 TECA-LBO 治疗患猫的一过性或永久性面神经麻痹已有报道，但单独采用牵拉或内镜经鼓膜牵拉治疗的患猫则未出现 [7-11, 14, 19, 20, 40-44]。

中耳炎通常与猫炎性息肉有关。术后应给予抗生素治疗以治疗并发症并预防继发性中耳炎，且应根据细菌培养和药敏试验选择抗生素 [7-9, 14, 20, 23]。在摘除息肉后，慢性中耳炎可能会成为长期并发症。在一项用内镜经鼓膜牵拉治疗猫的回顾性研究中，有 2 只猫（5.4%）发生了中耳炎，并成为长期并发症。在其他病例回顾性研究中，未能很好地记录摘除息肉后的中耳炎发生率 [7, 9, 14, 20, 23, 24]。

采用上述任意方法摘除猫炎性息肉 19

天至 46 个月后均报道有再次复发[7-10, 14]。当有 X 线检查证据表明患及中耳时，经单纯牵拉治疗猫的复发较为频繁[7]。据报道，用内镜经鼓膜牵拉治疗后的复发率（13.5%）要低于单独采用牵拉治疗的复发率（33% ~ 57%），与采用腹侧鼓泡截骨术治疗的复发率相近（0% ~ 33%）[7-11, 14, 19, 20, 25, 40, 41]。腹侧鼓泡截骨术及内镜经鼓膜牵拉治疗的复发率较低，是因为与单纯采用牵拉治疗相比，腹侧鼓泡截骨术和内镜经鼓膜牵拉能够更完全地刮除鼓室的黏液内衬[9, 10, 14, 24, 42]。

在牵拉撕脱息肉后，通过采用刮勺刮除鼓室内黏液内衬，可降低单纯牵拉治疗的复发率。尚未见关于经激光切除后的息肉复发率及术后并发症发生率。

4.2 猫的鼻甲炎性息肉（错构瘤）

鼻甲炎性息肉是用于描述猫鼻腔内不同息肉样良性生长物（曾被认为是一种罕见形式）的一个术语[13, 45, 46]。但最近有报道称，这些病变的组织病理学外观类似于人的软骨间充质错构瘤，其特点是纤维血管组织内衬有复层鳞状或带纤毛柱状上皮和骨软骨结构，无非典型症状和充有红细胞的腔体[13, 47]。

应 将 猫 鼻 软 骨 间 质 性 错 构 瘤（Feline nasal chondromesenchymal hamartomas，FNCMH）看作一个独立的实体，因为这种错构瘤起源于鼻腔自然组织，而非咽鼓管或鼓室[13, 47]。

这种情况最初被认为在意大利较为常见，曾被认为与遗传或环境因素有关。目前，该病很少被诊断出来。在美国报道有零星病例，且有 1 例源自英国[45-47]。

该病常见于青年猫，且已知无任何品种倾向性。猫可表现出渐进性鼾声呼吸、打喷嚏、张口呼吸、浆液性鼻分泌物、泪溢和鼻出血。在严重病例中，猫鼻腔鼻窦会发生变形或出现肿块突出鼻孔[13, 45-47]。

X 线检查通常会显示鼻腔软组织浑浊、鼻甲溶解和稀疏区，与病变的囊性空腔相一致[13, 46, 47]。猫鼻软骨间质性错构瘤的 CT 图像特点如**图 4.10** 所示。鼻甲骨和骨质流失很可能是继发于因这些肿块导致的膨胀性但非浸润性压迫萎缩。

经内镜检查，该病变可表现为多叶状粉红至淡蓝色病变，并占据鼻咽及鼻腔；必须经内镜采集活检物，并提交进行组织病理学检查以作出确切诊断[47]。

虽然有报道称该病会自行消退且对皮质类固醇药物治疗有反应，但仍推荐经内镜切除这些肿块，或对更广泛性病变行鼻切开术以便完全切除肿块[13, 46, 47]。

虽然软骨间质性错构瘤存在潜在扩张性且似乎具有破坏性行为，但该病通常预后良好，且罕见术后复发的报道[13, 47]。

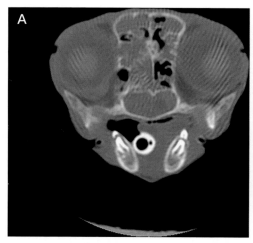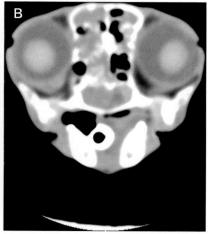

图 4.10　猫鼻软骨间质性错构瘤的 CT 图像。A. 颞颌关节水平出的骨组织窗：可见一软组织密度影肿块充满鼻咽及右鼻窦腔，并部分充满左鼻窦腔，还可见鼻甲缺失和稀疏；B. 给予造影剂后的软组织窗：注意片状对比增强

4.3　犬的息肉

4.3.1　概述

犬耳及鼻咽息肉较为罕见且通常为单侧性，但据报道仍有一些犬为双侧性 [9, 10, 48-50]。

临床医师必须认识到炎性息肉的定义是对一种组织学检查呈良性、带蒂至大体呈分叶状病变的宏观描述。

犬鼻咽或耳内息肉样病变的宏观证据特征很可能与猫的典型炎性息肉存在差异。

炎性息肉的定义应仅限于类似于猫及人的那些病变（如所述的已知的耳及鼻咽部炎性息肉），且不包含角化上皮 [7-11, 51-54]。

4.3.1.1　耳息肉

起源于耳道壁的炎性息肉可简单牵拉狭窄附着点来摘除，还可通过手术切除（**图 4.11**）。该息肉也会像猫那样复发。

不要将犬耳息肉与盯聍腺腺瘤相混淆。腺瘤大体上看起来类似息肉样生长物，但由于与耳道壁皮肤附着面积较大，因此无法通过牵拉摘除 [10]。

对于犬来说，胆固醇肉芽肿、胆脂瘤和增生性中耳炎均可误诊为息肉，因此在考虑摘除息肉之前进行组织学确认非常重要 [23, 55, 56]。

临床表现的特点通常为耳漏、耳部抓伤和摇头，而且经常会表现出中耳炎／内耳炎的临床症状；诊断性图像也

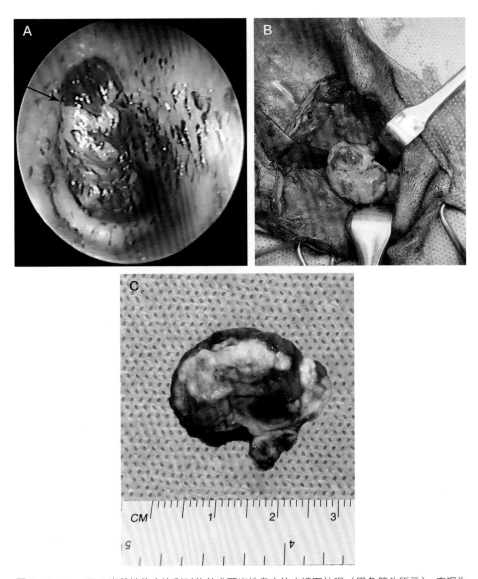

图 4.11　A. 一只 5 岁雌性绝育比利时牧羊犬耳炎性息肉的内镜下外观（黑色箭头所示），表现为外耳炎；B. 一只 6 岁英国斗牛犬行全耳道切除术和外侧鼓泡截骨术期间，手术暴露水平耳道内突入鼓室的复发息肉；C. 手术切除耳息肉的宏观外观：一处 2cm 大小的卵圆形、不规则、浅黄色的带短蒂息肉

与猫炎性息肉存在差异（**图 4.12 和图 4.13**）[10, 30, 31, 55-67]。可根据组织学诊断确定治疗方法和预后（**图 4.14**），但通常需要经腹侧鼓泡截骨术或 TECA-LBO 进行手术切除 [10, 55, 57-61]。

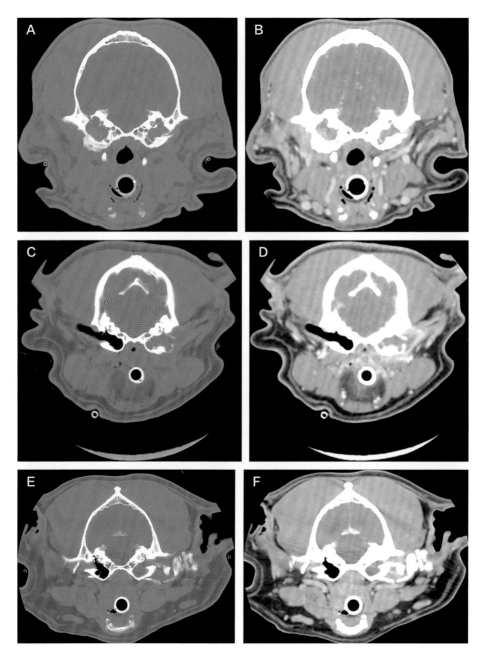

图 4.12 犬中耳息肉样病变的 CT 图像。A. 骨组织窗：右鼓泡轻微肿大，且鼓室内充满软组织密度影，可见鼓泡中度增厚斑点样溶解、岩骨受损和颞下颌关节增厚。左侧鼓泡充满软组织密度影，注意鼓泡轮廓轻微增厚和岩骨极轻微受损。双侧耳道气体对比缺失；B. 给予造影剂后的软组织窗：可见极轻微双侧对比增强。该犬被诊断为双侧胆脂瘤；C. 骨组织窗：软组织密度影充满右鼓室并突入耳道，还可见鼓泡轻微肿大、鼓泡轮廓轻微增厚和水平耳道气体对比缺失；D. 给予造影剂后的软组织窗：均质性对比增强；该犬被诊断为胆固醇肉芽肿；E. 骨组织窗：左鼓室及耳道内气体对比缺失，外耳道增厚及钙化，右外耳气体对比缺失；F. 给予造影剂后的软组织窗：左外耳道轻微对比增强，该犬被诊断为慢性外耳炎和左侧慢性中耳炎

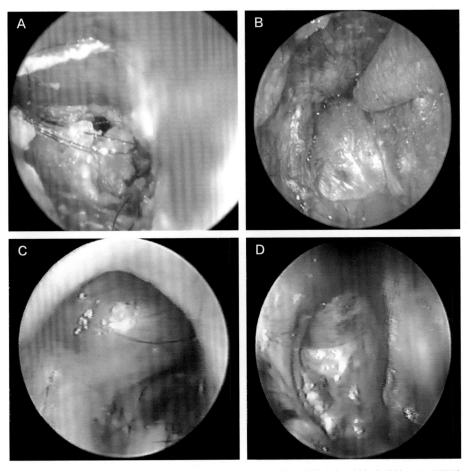

图 4.13　犬中耳息肉样病变。A、B. 胆脂瘤：从中耳突出的珍珠样病变至粉红色肿块；C. 胆固醇肉芽肿：从中耳腔突出的粉红至浅蓝色卵圆形病变；D. 中耳炎：充满中耳腔的肿块性病变

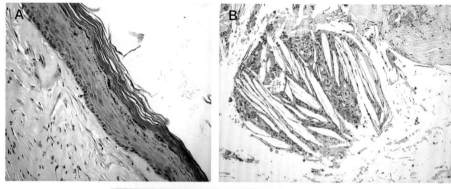

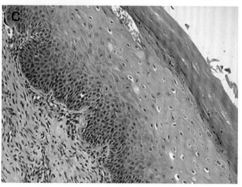

图4.14 镜检视图：A.胆脂瘤：可见内衬于充有角质碎片囊腔和静止于致密纤维基质上的增生性和角化过度性角化鳞状上皮［苏木素－伊红（Hematoxylin and eosin，HE）染色，×100]；B.胆固醇肉芽肿：纤维结缔组织，上皮下炎性浸润，出血部位和胆固醇裂隙（HE染色，×100）；C.中耳炎：纤维血管组织伴有上皮下炎性浸润，内衬有单层上皮（HE染色，×100）（由意大利米兰市米兰大学兽医学院 Chiara Giudice 博士提供）

4.3.1.2 鼻及鼻咽息肉

组织学与猫及人炎性息肉类似的犬鼻及鼻咽息肉应按前文所述的猫炎性息肉的治疗方法进行治疗 [49, 50, 54]。有学者对犬不同鼻错构瘤进行了描述，错构瘤在宏观上类似息肉样肿块，其组织病理学特点为结缔组织边有炎性细胞浸润，且不会表现出任何肿瘤迹象，被认为是起源于鼻咽腔内的自然组织 [47, 68-74]。

报道显示，犬息肉病例 CT 图像与比错构瘤类似 [68-71]，应根据确切诊断制订治疗方案；可考虑采取内镜或手术干预，完全切除通常可以治愈 [68-71]。

最近，人的腺瘤样软骨与骨性鼻错构瘤肿瘤转化已有描述，因此应及时进行诊断和治疗，以避免慢性良性疾病转化为肿瘤 [75]。

参考文献

[1] Harvey CE, Goldschmidt MH. Inflammatory polypoid growths in the ear canal of cats. J Small Anim Pract 1978; 19: 669–677.

[2] Lane JG, Orr CM, Lucke VM, et al. Nasopharyngeal polyps arising in the middle ear of the cat. J Small Anim Pract 1981; 22: 511–522.

[3] Bedford PG, Coulson A, Sharp NJ, et al. Nasopharyngeal polyps in the cat. Vet Rec 1981; 109: 551–553.

[4] Bradley RL. Selected oral, pharyngeal, and upper respiratory conditions in the cat. Oral tumors, nasopharyngeal and middle ear polyps, and chronic rhinitis and sinusitis. Vet Clin North Am Small Anim Pract 1984; 14: 1173–1184.

[5] Brownlie SE, Bedford PG. Nasopharyngeal-polypina kitten.VetRec 1985; 117: 668–669.

[6] Pope ER. Feline inflammatory polyps. Semin Vet Med Surg（Small Anim）1995; 10: 87–93.

[7] Anderson DM, Robinson RK, White RA. Management of inflammatory polyps in 37 cats. Vet Rec 2000; 147: 684–687.

[8] Kudnig ST. Nasopharyngeal polyps in cats. Clin Tech Small Anim Pract 2002; 17: 174–177.

[9] Fan TM, de Lorimier LP. Inflammatory polyps and aural neoplasia. Vet Clin North Am Small Anim Pract 2004; 34: 489–509.

[10] Gotthelf LN. Inflammatory polyps. In: Gotthelf LN, editor. Small animal ear diseases, an illustrated guide. St Louis （MO）: Elsevier Saunders; 2005. 317–328.

[11] MacPhail CM, Innocenti CM, Kudnig ST, et al. Atypical manifestations of feline inflammatory polyps in three cats. J Feline Med Surg 2007; 9: 219–225.

[12] Anders BB, Hoelzler MG, Scavelli TD, et al. Analysis of auditory and neurologic effects associated with ventral bulla osteotomy for removal of inflammatory polyps or nasopharyngeal masses in cats. J Am Vet Med Assoc 2008; 233: 580–585.

[13] Reed N, Gunn-Moore D. Nasopharyngeal disease in cats: 2. Specific conditions and their management. J Feline Med Surg 2012; 14: 317–326.

[14] Greci V, Vernia E, Mortellaro CM. Per-endoscopic trans-tympanic traction for the management of feline aural inflammatory polyps: a case review of 37 cats. J Feline Med Surg 2014; 16: 645–650.

[15] Baker G. Nasopharyngeal polyps in cats. Vet Rec 1982; 111: 43.

[16] Parker NR, Binnington AG. Nasopharyngeal polyps in cats: three case reports and a review of the literature. J Am Anim Hosp Assoc 1985; 21: 473–478.

[17] Norris AM, Laing EJ. Diseases of the nose and sinuses. Vet Clin North Am Small Anim Pract 1985; 15: 865–890.

[18] Landsborough L. Nasopharyngeal polyp in a

five-month-old Abyssinian kitten. Can Vet J 1994; 35: 383–384.

[19] Veir JK, Lappin MRI, Foley JE, et al. Feline inflammatory polyps: historical, clinical, and PCR findings for feline calici virus and feline herpes virus-1 in 28 cases. J Feline Med Surg 2002; 4: 195–199.

[20] Muilenburg RK, Fry TR. Feline nasopharyngeal polyps. Vet Clin North Am Small Anim Pract 2002; 32: 839–849.

[21] Klose TC, MacPhail CM, Schultheiss PC, et al. Prevalence of select infectious agents in inflammatory aural and nasopharyngeal polyps from client-owned cats. J Feline Med Surg 2010; 12: 769–774.

[22] Stanton ME, Wheaton LG, Render JA, et al. Pharyngeal polyps in two feline siblings. J Am Vet Med Assoc 1985; 186: 1311–1313.

[23] Gotthelf LN. Diagnosis and treatment of otitis media in dogs and cats. Vet Clin North Am Small Anim Pract 2004; 34: 469–487.

[24] Lanz OI, Wood BC. Surgery of the ear and pinna. Vet Clin North Am Small Anim Pract 2004; 34: 567–599.

[25] Byron JK, Shadwick SR, Bennett AR. Megaesophagus in a 6-month-old cat secondary to a nasopharyngeal polyp. J Feline Med Surg 2010; 12: 322–324.

[26] Fazio CG, Dennison SE, Forrest LJ. What is your diagnosis? Nasopharyngeal polyp. J Am Vet Med Assoc 2011; 239: 187–188.

[27] Rosenblatt AJ, Zito SJ, Webster NS. What is your diagnosis? Unilateral inflammatory polyp. J Am Vet Med Assoc 2014; 244: 37–39.

[28] Pilton JL, Ley CJ, Voss K, et al. Atypical abscessated nasopharyngeal polyp associated with expansion and lysis of the tympanic bulla. J Feline Med Surg 2014; 16: 699–702.

[29] Cook LB, Bergman RL, Bahr A, et al. Inflammatory polyp in the middle ear with secondary suppurative meningoencephalitis in a cat. Vet Radiol Ultrasound 2003; 44: 648–651.

[30] Garosi LS, Dennis R, Schwarz T. Review of diagnostic imaging of ear diseases in the dog and cat. Vet Radiol Ultrasound 2003; 44: 137–146.

[31] Bischoff MG, Kneller SK. Diagnostic imaging of the canine and feline ear. Vet Clin North Am Small Anim Pract 2004; 34: 437–458.

[32] Boothe HW. Surgery of the tympanic bulla (otitis media and nasopharyngeal polyps). Probl Vet Med 1991; 3: 254–269.

[33] Reed N, Gunn-Moore D. Nasopharyngeal disease in cats: 1. Diagnostic investigation. J Feline Med Surg 2012; 14: 306–315.

[34] Hofer P, Meisen N, Bartholdi S, et al. A new radiographic view of the feline tympanic bullae. Vet Radiol Ultrasound 1995; 36: 14–15.

[35] Hammond GJ, Sullivan M, Weinrauch S, et al. A comparison of the rostrocaudal open mouth and rostro 10 degrees ventro-caudodorsal oblique radiographic views

for imaging fluid in the feline tympanic bulla. Vet Radiol Ultrasound 2005；46：205–209.

[36] Oliveira CR，O'Brien RT，Matheson JS，et al. Computed tomographic features of feline nasopharyngeal polyps. Vet Radiol Ultrasound 2012；53：406–411.

[37] Allgoewer I，Lucas S，Schmitz SA. Magnetic resonance imaging of the normal and diseased feline middle ear. Vet Radiol Ultrasound 2000；41：413–418.

[38] Sturges BK，Dickinson PJ，Kortz GD，et al. Clinical signs，magnetic resonance imaging features，and outcome after surgical and medical treatment of otogenic intracranial infection in 11 cats and 4 dogs. J Vet Intern Med 2006；20：648–656.

[39] De Lorenzi D，Bonfanti U，Masserdotti C，et al. Fine-needle biopsy of external ear canal masses in the cat：cytologic results and histologic correlations in 27 cases. Vet Clin Pathol 2005；34：100–105.

[40] Faulkner JE，Budsberg SC. Results of ventral bulla osteotomy for treatment of middle ear polyps in cats. J Am Vet Med Assoc 1990；26：496–499.

[41] Kapatkin AS，Matthiesen DT. Results of surgery and long-term follow-up in 31 cats with nasopharyngeal polyps. J Am Anim Hosp Assoc 1990；26：387–392.

[42] Trevor PB，Martin RA. Tympanic bulla osteotomy for treatment of middle-ear disease in cats：19 cases（1984-1991）. J Am Vet Med Assoc 1993；202：123–128.

[43] Williams JM，White RAS. Total ear canal ablation combined with lateral bulla osteotomy in the cat. J Small Anim Pract 1992；5：225–227.

[44] Bacon NJ，Gilbert RL，Bostock DE，et al. Total ear canal ablation in the cat：indications，morbidity and long-term survival. J Small Anim Pract 2003 Oct；44（10）：430–434.

[45] Carpenter JL，Andrews LK，Holzworth J. Tumors and tumor-like lesions. In：Holzworth J，editor. Disease of the cat. Philadelphia：WB Saunders；1987. 406–596.

[46] Galloway PE，Kyles A，Henderson JP. Nasal polyps in a cat. J Small Anim Pract 1997；38：78–80.

[47] Greci V，Mortellaro CM，Olivero D，et al. Inflammatory polyps of the nasal turbinates of cats：an argument for designation as feline mesenchymal nasal hamartoma. J Feline Med Surg 2011；13：213–219.

[48] London CA，Dubilzeig RR，Vail DM，et al. Evaluation of dogs and cats with tumors of the ear canal：145 cases（1978-1992）. J Am Vet Med Assoc 1996；208：1413–1418.

[49] Billen F，Day MJ，Clercx C. Diagnosis of pharyngeal disorders in dogs：a retrospective study of 67 cases. J Small Anim Pract 2006；47：122–129.

[50] Lobetti RG. A retrospective study of chronic nasal disease in 75 dogs. J S Afr Vet Assoc

2009；80：224–228.

[51] Seitz SE，Losonsky JM，Maretta SM. Computed tomographic appearance of inflammatory polyps in three cats. Vet Radiol Ultrasound 1996；37：99–104.

[52] Thompson LD. Otic polyp. Ear Nose Throat J 2012；91：474–475.

[53] Newton JR，Ah-See KW. A review of nasal polyposis. Ther Clin Risk Manag 2008；4：507–512.

[54] Fingland RB，Gratzek A，Vorhies MW，et al. Nasopharyngeal polyp in a dog. J Am Anim Hosp Assoc 1993；29：311–314.

[55] Cox CL，Payne-Johnson CE. Aural cholesterol granuloma in a dog. J Small Anim Pract 1995；36：25–28.

[56] Banco B，Grieco V，Di Giancamillo M，et al. Canine aural cholesteatoma：a histological and immunohistochemicalstudy. Vet J 2014；200：440–445.

[57] Fliegner RA，Jubb KV，Lording PM. Cholesterol granuloma associated with otitis media and destruction of the tympanic bulla in a dog. Vet Pathol 2007；44：547–549.

[58] Hardie EM，Linder KE，Pease AP. Aural cholesteatoma in twenty dogs. Vet Surg 2008；37：763–770.

[59] Greci V，Travetti O，Di Giancamillo M，et al. Middle ear cholesteatoma in 11 dogs. Can Vet J 2011；52：631–663.

[60] Pratschke KM. Inflammatory polyps of the middle ear in 5 dogs. Vet Surg 2003；32：292–296.

[61] Blutke A，Parzefall B，Steger A，et al. Inflammatory polyp in the middle ear of a dog：a case report. Vet Med 2010；55：289–293.

[62] Doust R，King A，Hammond G，et al. Assessment of middle ear disease in the dog：a comparison of diagnostic imaging modalities. J Small Anim Pract 2007；48：188–192.

[63] Travetti O，Giudice C，Greci V，et al. Computed tomography features of middle ear cholesteatoma in dogs. Vet Radiol Ultrasound 2010；51：374–379.

[64] Foster A，Morandi F，May E. Prevalence of ear disease in dogs undergoing multidetector thin-slice computed tomography of the head. Vet Radiol Ultrasound 2015；56：18–24.

[65] Newman AW，Estey CM，McDonough S，et al. Cholesteatoma and meningoencephalitis in a dog with chronic otitis externa. Vet Clin Pathol 2015；44：157–163.

[66] Harran NX，Bradley KJ，Hetzel N，et al. MRII findings of a middle ear cholesteatoma in a dog. J Am Anim Hosp Assoc 2012；48：339–343.

[67] Witsil AJ，Archipow W，Bettencourt AE，et al. What is your diagnosis? Cholesteatoma in a dog. J Am Vet Med Assoc 2013；243：775–777.

[68] Leroith T，Binder EM，Graham AH，et al. Respiratory epithelial adenomatoid hamartoma in a dog. J Vet Diagn Invest

2009; 21: 918–920.

[69] Osaki T, Takagi S, Hoshino Y, et al. Temporary regression of locally invasive polypoid rhinosinusitis in a dog after photodynamic therapy. Aust Vet J 2012; 90: 442–447.

[70] Holt DE, Goldschmidt MH. Nasal polyps in dogs: five cases (2005 to 2011). J Small Anim Pract 2011; 52: 660–663.

[71] LaDouceur EE, Michel AO, Lindl Bylicki BJ, et al. Nasal cavity masses resembling chondro-osseous respiratory epithelial adenomatoid hamartomas in 3 dogs. Vet Pathol 2015; 52. [Epub ahead of print].

[72] Weinreb I. Low grade glandular lesions of the sinonasal tract: a focused review.

Head Neck Pathol 2010; 4: 77–83.

[73] Khan RA, Chernock RD, Lewis JS Jr. Seromucinous hamartoma of the nasal cavity: a report of two cases and review of the literature. Head Neck Pathol 2011; 5: 241–247.

[74] Fedda F, Boulos F, Sabri A. Chondro-osseous respiratory epithelial adenomatoid hamartoma of the nasal cavity. Int Arch Otorhinolaryngol 2013; 17: 218–221.

[75] Li Y, Yang QX, Tian XT, et al. Malignant transformation of nasal chondromesenchymal hamartoma in adult: a case report and review of the literature. Histol Histopathol 2013; 28: 337–344.

5 先天性鼻裂、原腭裂和唇裂的重建

Nadine Fiani，BVSc，Frank J.M. Verstraete，DrMedVet，

MMedVet，Boaz Arzi，DVM

关键词　唇腭裂手术；腭裂；原腭；唇裂

要　点　● 原腭及继发腭的胚胎发育对于了解腭裂的形成非常重要；

　　　　● 人类医学文献已对唇腭裂形成原因进行了描述，但在兽医领域较为缺乏；

　　　　● 原腭裂修补的临床治疗方法包括：诊断检测、手术修补唇腭裂的各种结构、术后护理、治疗潜在并发症，以及治疗结果评估；

　　　　● 原腭裂手术修补难度较大，应全面了解该部位的解剖结构并遵循重要手术原则以获得最佳疗效。

　　犬原腭裂并不常见，但其修补非常困难[1]。本文的目的在于提供发病机制相关信息，并为这类缺损的修补提供实用信息。

5.1 腭的胚胎形成

　　在胚胎形成期，鼻腔和口腔之间的间隔需分两个阶段形成，即原腭和继发腭，认识到这一点非常有用。

5.1.1 原腭

　　原腭首先形成，由上唇和腭裂隙前侧的门齿骨组成[2-5]。成对上颌骨突向内侧生长，并将内侧及外侧鼻突推向中线，于中线处汇合并形成鼻和上唇的基部[2, 3]。两个内侧突最终形成腭裂隙前侧的门齿骨[2]。

5.1.2 继发腭

继发腭由腭裂隙后侧的硬腭和软腭组成。在原腭形成后，在原始口腔内会出现 3 种生长物。梨骨从前鼻突沿中线向腹侧生长，左右腭突从上颌骨突向中线水平生长。梨骨和腭突与中线处融合，并与前侧门齿骨融合，从而将口腔和鼻腔分隔开来 [2, 3, 5]。

5.2 腭裂

唇裂（Cleft lip，CL）是用于描述患及原腭结构开裂的一个术语 [3, 4]。在兽医及人类医学文献中，术语唇裂和原腭裂通常为同义词，但两者均非特指 [5, 6]。这两个术语可以指代不同缺损的多种组合和严重程度 [4, 7]。不完全唇裂仅可表现为唇部存在缺口，或到达该方向的一部分，但未及鼻孔。完全唇裂可患及整个唇部，并继续延伸至鼻孔。完全唇裂通常（但并非总是）会伴有齿槽突及腭裂隙前的门齿骨开裂。涉及门齿骨的程度也存在变化。唇裂缺损既可以呈单侧也可以呈双侧。

腭裂（Cleft palate，CP）是一种患及继发腭结构的裂口。这类裂口的严重程度呈从软腭后侧小缺口到患及腭裂隙后侧硬腭及整个软腭的穿透性缺损 [4]。

从组织学来看，由于通常存在不同的病因，因此唇腭裂可分为伴有或不伴有腭裂的唇裂（CL+/-CP）或单纯的腭裂（**图 5.1**）[4, 8, 9]。根据是否存在其他身体或发育异常，唇腭裂可进一步分为综合征性和非综合征性 [6-8, 10]。

5.3 病因

先天性唇腭裂的确切病因尚不明确，但已知会涉及遗传因素和环境因素（多因素病因）[11]。

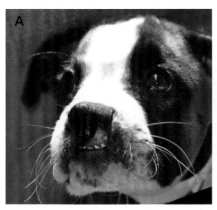
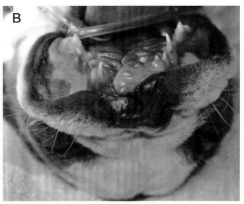

图 5.1　A. 单侧唇裂幼犬的外观；B. 单侧原腭裂及继发腭裂幼犬的口腔内视图

5.3.1 遗传因素

遗传因素在面裂形成中起主导作用已得到公认[5]。CL+/-CP 的发病率已在不同种族群体有大量记录，且在人类也是家族性多发[7, 8, 12, 13]。在大多数可查阅到的兽医研究文献，发现受影响幼犬均为相对较小、纯种、近亲交配的犬种[14-19]。这些发现为遗传易感性差异提供了强有力的证据，多个染色体区域已被确定为造成 CL+/-CP 的候选基因[20-22]，已经确定了面部发育中几种可改变信号分子、转录因子或生长激素的特定基因[5, 7]。这些机制的任何错误均可导致唇腭裂的发生。

5.3.2 环境致畸原

致畸原是指能够影响胎儿发育并引发初生缺陷（包括面裂和唇腭裂）的物质[23]。多种化学品和药物制剂（包括叶酸、阿司匹林和某些抗癫痫药物）均被确定在 CL+/-CP 行程中起到了一定的作用[5, 24-27]。尽管暴露程度相近，但致畸原可作用于易感基因型并导致畸形，这可占个体差异结果很大的一部分[23, 24]。有研究表明，妊娠阶段暴露于致畸原对引发 CL+/-CP 具有重要作用[28, 29]。

5.4 兽医文献中的原腭裂

与本主题有关兽医研究及病变报告数量很少[9, 15-17, 19, 30]。鉴于缺少大规模研究和表型描述之间的巨大差异，以及缺乏诊断影像，所以很难得出任何关于品种倾向性、表型外观或其他微妙及全身性异常的重要结论。但随着遗传分析和成像技术的进步，这些唇腭裂的表征会越来越常见。

5.5 原腭裂患犬的临床治疗方法

虽然原腭裂可与继发腭裂同时发生，本讨论仅限于原腭裂的重建。

5.5.1 临床症状的诊断

患及唇部的原腭裂在出生时非常明显[29]。虽然这些唇腭裂会导致幼犬外观出现明显异常，但通常不会引发急性重大或威胁生命的疾病[27]。唇腭裂较宽的幼犬，尤其是患及鼻底及门齿骨的唇腭裂，会导致鼻腔与口腔相通，可表现出鼻炎相关症状。这在患犬独立采食时尤为如此[1, 10]。严重病例还会发生吸入性肺炎。

5.5.2 手术干预的必要性

仅患及唇部的唇腭裂在很大程度上会影响美观，但很多并不需要手术治疗。但患及鼻底、牙槽缘和门齿骨的唇腭裂则应予以修补。虽然存在后者缺损的患犬在生命早期并不会表现出明显临床症状，但久而久之，食物和其他碎屑会塞住缺损。这会导致鼻黏膜发炎，并最终引发慢性鼻炎。

5.5.3 手术干预年龄

基于两个原因，手术干预时幼犬的年龄至关重要，即颌面生长及牙齿发育[1]。

已有研究表明，幼犬腭黏膜骨膜的手术处理会影响和延缓上颌骨生长[31, 32]。通常需要剥离骨膜形成黏膜牙龈皮瓣，这是修补门齿骨裂所必需的。在年龄较小时这样做可能会导致面部异常生长，甚至会导致手术部位裂开。如果幼犬未表现出明显症状，最好是等幼犬颌面生长放缓甚至是完全停止后再进行确定性手术[29]。

原腭裂通常会患及牙槽缘，从而影响齿弓。在幼犬仍有乳牙时可能容易修复缺陷，因为此时牙齿尚小，从而有较多的软组织可用于修补。但必须注意，当恒齿萌出时，可能会影响所做的修补，还可能迫使恒齿异位萌出[1]。因此，在考虑手术治疗之前，最好等待幼犬恒切齿和犬齿完全萌出（例如，4~6月龄）。

5.5.4 诊断影像

诊断影像在制订手术计划中起到了重要作用，在试图修补前必须拍摄诊断影像[10]。头部的黄金标准成像法为计算机断层扫描（Computed tomography，CT）[33]。CT能够重建骨骼缺损及其周围牙齿的三维图像，并可于手术修补前告知外科医师有无骨支持。有研究表明，腭裂骨缺损通常大于软组织缺损[10]。骨在手术修补中起到了重要作用，因为骨可起到支架的作用，从而可为放置其上的软组织皮瓣提供支持[1]。了解骨缺损的大小及周围牙齿的部位有助于制订手术计划和判断预后。CT成像还可提供关于鼻腔的信息，尤其是鼻甲受损程度的信息。

5.5.5 全身性问题

在考虑手术治疗前，有必要进行彻底的全身检查（包括胸部听诊）。如果怀疑存在吸入性肺炎，应进行3体位胸部X线检查。在着手进行手术治疗以修补唇裂和原腭裂之前，治疗并解决吸入性肺炎非常重要。

还应进行全血细胞计数、生化分析和尿检，这是全身麻醉前评估的一部分。

5.5.6 手术修补的原则

原腭裂手术修补的主要目的是于口腔和鼻腔之间建立分隔[1, 29]。虽然唇部缺损最明显，但犬的修补在很大程度是出于审美的考虑，对于门齿骨和鼻底裂口的修补来说是次要的[29]。

原腭的修补是一项侵入性手术，需要考虑进行局部神经封闭以减少伤害感受传入中枢神经系统（Central nervous system，CNS），从而起到超前镇痛的作用[34]。推荐于术前10~15min使用局部麻醉剂（如布比卡因）进行双侧眶下神经封闭。

术前给予抗生素适用于需要进行重大口腔手术（如唇腭裂修补术）的病例[35]。于术前 20min 静脉给予 20mg/kg 的安比西林为当前常用的抗生素用法。如果手术延长，应于 6h 后再次给予。

剪开唇部皮肤并进行初步擦洗。将患病动物仰卧保定，放入咽垫，用 0.12% 的葡萄糖酸氯己定冲洗口腔。对所有牙齿龈上及龈下进行超声检查。然后彻底冲洗口腔并吸出冲洗液。还应仔细抽吸出鼻腔内的碎屑和黏液。经手术制备唇部皮肤和鼻中隔。

虽然多篇文章推荐俯卧保定修复原腭裂[1, 29]，但笔者发现仰卧保定动物（至少是第一次手术时）可改善口腔入路及鼻底的重建。自然状态下，重力会向下牵拉唇部，从而可改善门齿骨、牙槽缘和黏膜的暴露。使用无菌创巾隔离口腔和鼻平面。

5.5.7 对牙齿的影响：策略性拔牙与阶段性修补

正如之前所讨论的那样，最好在进行确定性手术修补前让前上颌骨恒牙列完成萌出。考虑到下列原因，有可能需要进行策略性拔牙：

- 软组织极少，拔牙可暴露出更多的软组织进行确定性治疗；
- 牙齿直接长入裂口，且会极大地影响软组织闭合。

在可用组织极少的病例，可采取阶段性修补法。进行诊断成像并加以研究

可有助于制订策略性拔牙 [一些或所有上颌切齿（包括或不包括犬齿），首次麻醉后] 计划。之后，等待拔牙部位愈合，大约于 4~6 周后再考虑进行确定性唇腭裂修补术。

在某些病例中如果切齿直接长入裂口，在进行确定性修补术时单纯拔掉引发问题的牙齿即可。

5.6　单侧原腭裂修补术

可通过 3 步来修补原腭裂，如**图 5.2** 所示。

5.6.1　腭缺损修补术

使用 15 号手术刀片与腭后侧面和缺损外侧面切取一全厚度黏膜骨膜带蒂皮瓣（**图 5.2，D**）。皮瓣从第一或第二前臼齿水平处延伸至犬齿处，并与骨缺损边缘做的切向切口相连。如果需要，可沿腭中线延伸切口。切开靠近牙龈的黏膜时需小心，以免破坏龈沟的解剖结构。然后用骨膜剥离器剥离骨膜并向内侧门齿骨移动，并覆盖裂口。

同时也切开覆盖门齿骨边缘的口腔黏膜，并剥离以形成缝合架。通常不需移动切口组织。如果可能，应先剥离缺损两侧的鼻黏膜并对齐，用 4-0 和 5-0 号聚卡普隆 25 缝合线和切割针进行单纯间断缝合，线结朝向口腔。如果唇腭裂较窄，则可能做到，因为鼻组织无法很容易地朝唇

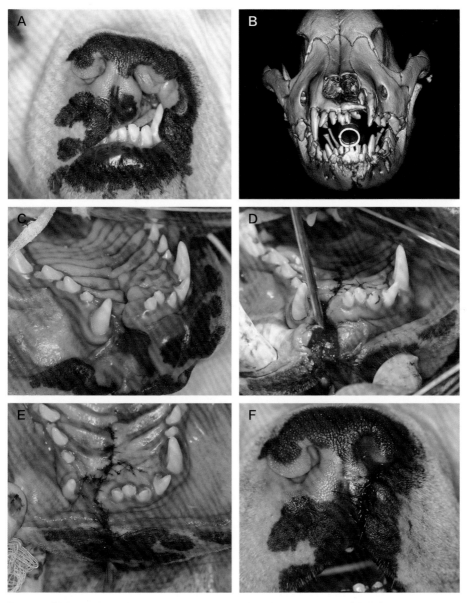

图 5.2　单侧原腭裂修补术。A. 单侧唇腭裂口腔外侧临床外观；B. CT 重建图像，可见唇腭裂前侧面。注意左侧上颌第二和第三切齿朝向缺损处生长；C. 口内图像，可见单侧唇腭裂，已于大约 4 周前（拍摄 CT 图像时）拔除了上颌第二和第三切齿；D. 向内侧重新定位腭带蒂皮瓣，并缝合于缺损之上。器械指向对齐的口轮匝肌和鼻黏膜；E. 完全重建口内缺损；F. 口腔外重建唇及鼻底

腭裂中线移动。那么带蒂皮瓣可朝向门齿骨方向重新定位，且可用 4-0 或 5-0 号聚卡普隆 25 经单纯间断缝合对齐口腔黏膜边缘。

5.6.2 鼻底、齿龈缘、牙槽黏膜和唇黏膜的修补

使用 11 号手术刀片沿裂口两侧齿龈缘、牙槽黏膜、颊黏膜做一切向切口（**图 5.2，D 和 E**）。使用骨膜剥离器剥离牙槽边缘缺损两侧的鼻黏膜。应采用单纯间断缝合将深入牙龈的鼻黏膜与牙槽缘对齐，这可重建鼻底。接下来应闭合口轮匝肌，从而能够开始重建唇部。对于裂口狭窄病例，可直接对齐口腔黏膜（包括牙龈、牙槽黏膜和唇黏膜）。但如果裂口较宽，且对齐部位存在张力，那么可能需要进一步设计皮瓣。常用方法为使用缺损一侧的牙槽黏膜创建带蒂皮瓣。使用组织剪小心谨慎地创建皮瓣。向后剥离带蒂皮瓣，以便通过牙龈将皮瓣结合至外、内侧面以及腭黏膜最顶点处。

5.6.3 唇、鼻平面和鼻底前部分的修补

修补术的最后一部分最好采用俯卧位（**图 5.2，F**）。已于黏膜皮肤交界处做一切向切口，作为口内修补术的一部分。但该切口必须向后延伸至鼻平面和鼻底。裂口两侧唇皮肤、鼻平面和鼻底直接采用单纯间断缝合对齐（本文所附视频见：http：//www.vetsmall.theclinics.com）。

如果闭合时手术部位存在张力，在人类文献中有多种方法来加以缓解[4]。其中一些技术已用于患犬[1, 29]。

5.7 双侧原腭裂的修补

对于双侧唇腭裂病例，重复以上 3 步，但应双侧进行（**图 5.3**）。修补唇和鼻平面必须小心谨慎，可能存在跨皮肤修补的张力，可能需要进一步移动皮肤位置。在双侧修补后，唇部出现短小或缺口样外观很常见。如果手术部位无张力，那么这就不算是临床问题。

5.8 严重双侧原腭裂的修补——补救切齿切除术

对于广泛性双侧唇腭裂病例，由于缺乏软组织或门齿骨非常不稳定，可能无法重建。对于这类病例，切齿切除术可能是最好的选择，以便能够成功修补并最大限度恢复功能（**图 5.4**）。

按前文所述，使患病动物做好准备，仰卧保定。用 11 号手术刀片于门齿骨外侧面做一切向切口。然后沿龈沟切口继续切开门齿骨内所有切齿周围的组织（**图 5.4，C**）。使用骨膜剥离器剥离唇侧的鼻黏膜（**图 5.4，D**）。这会暴露门齿骨及切齿，从而提供更多的软组织用于重建和闭合。然后用切骨器械横断梨骨并切除门齿骨。

一旦切除门齿骨后，沿腭边缘做一切向切口。使用骨膜剥离器剥离并向背侧翻转鼻黏膜，向腹侧翻转腭黏膜。将鼻黏膜对齐。将从门齿骨剥离的牙龈黏膜和牙槽黏膜向后推，以便可将其缝合至腭黏膜，从而闭合双侧腭缺损（**图5.4，E**）。缺损两侧的牙槽黏膜及唇黏膜之间采用两道单纯间断缝合对齐，从而分别重建鼻底和口腔前庭。采用单纯间断缝合可保持良好对齐，并有助于避免组织翻转。然后将动物置俯卧位，并按前文所述重建唇皮肤及鼻平面（**图5.4，F**）。

5.9 鼻裂的修补——中间裂口

鼻裂是一种极为罕见的中线处面裂，在兽医文献中仅有1例报道（**图5.5**）[30]。本文在此将对该技术做一简要说明。

将犬俯卧保定，勾勒出手术切缘，于勾勒出的切缘做固定缝合。于鼻骨背中线做一Y形皮肤切口，使切口最宽处位于鼻裂部位。将切口延伸至皮下及软骨组织。切除皮肤及皮下组织中间部分后，将鼻中隔软

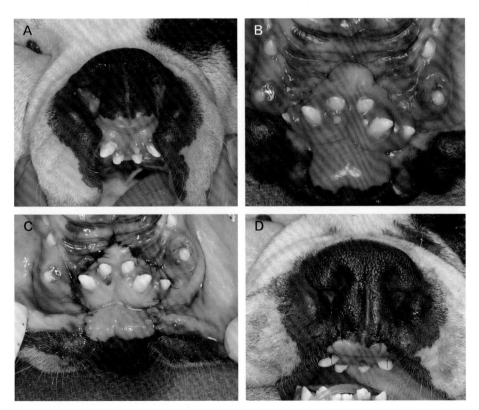

图5.3 双侧原腭裂。A. 双侧唇腭裂的口腔外临床外观；B. 口腔内外观；C. 口腔内修补；D. 口腔外重建唇及鼻底

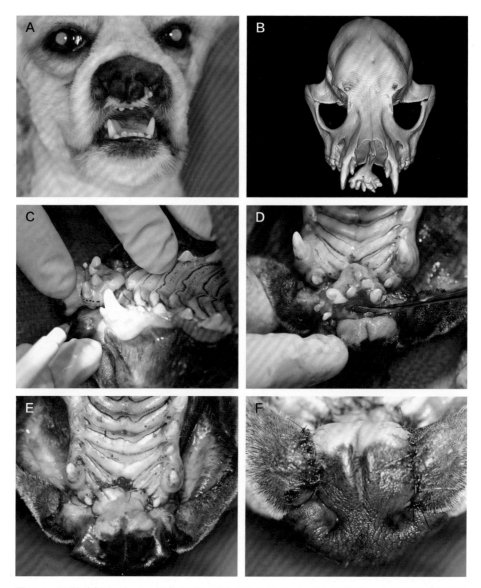

图 5.4 严重双侧原腭裂。A. 双侧唇腭裂口腔外侧临床外观；B. CT 重建图像，可见双侧缺损的严重程度和固化程度；C. 用于画切口的手术记号笔，目的是尽可能多保留软组织；D. 用于从门齿骨剥离软组织的骨膜剥离器；E. 切除门齿骨后进行腭裂修补；F. 重建唇及鼻底的口腔外侧视图

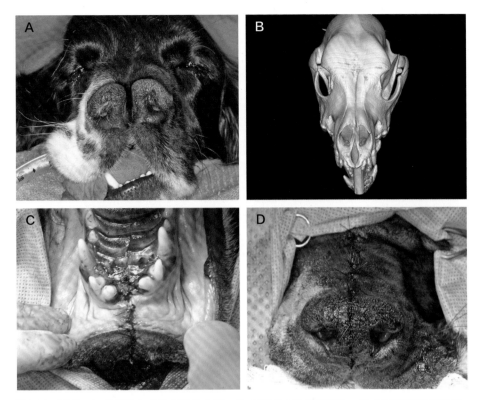

图 5.5　鼻裂。A. 鼻裂的口腔外侧临床外观；B. 鼻裂的 CT 重建图像；C. 口腔内侧缺损重建；D. 鼻、鼻平面和鼻背侧面重建的口腔外侧视图

骨向中线靠拢（正常状态下不成对）。重新将鼻软骨背外侧与鼻中隔软骨对齐，以校正解剖位置并缝合，然后直接对齐皮下组织、皮肤和鼻平面并缝合。然后将犬置仰卧位，按前文所述经口内入路修复裂口。

5.10　术后护理及并发症

5.10.1　术后护理

在刚刚完成手术时，患犬必须住院并经静脉或皮下给予镇痛药物。笔者首选给予非甾体抗炎药（Nonsteroidal anti-inflammatory，NSAID），并同时按 3～5μg/（kg·h）恒定速率输注芬太尼。第二天如果动物采食，可口服给予非甾体抗炎药或曲马多，连用 7d。

术后 12h 内，每 6h 给予患犬 1 次安比西林。术后第二天早晨，应口服给予患犬阿莫西林和克拉维酸，15～20mg/kg，每 12h 1 次，连用 7d。

麻醉过后，一旦患犬完全恢复意识，即经手喂食松软的罐装食物。术后 24～48h，推荐定时（每 8h 1 次）经手少量喂食。此后，患犬即可从碗中自行采食。术后应继续饲喂患犬松软食物 3 周。如果手术部位似乎已痊愈，则可让患犬恢复正常采食，包括硬质食物。

恢复前佩戴伊丽莎白圈可预防自我损伤，应时刻佩戴 2 周。

必须告知犬主人，如果犬咀嚼硬物会有导致伤口开裂的危险。所有这类行为必须严格禁止，并持续 3 周。

如果患犬可自行采食，且服药良好，手术修补后第 2 天即可出院。笔者推荐分别于 2 周和 4 周后对患犬进行复查，以评估恢复情况以及整体外观和功能。

5.10.2 并发症

伤口开裂为最常见的并发症，其最常见原因为手术部位的张力和手术技术欠佳。如果伤口开裂，最好是待二期愈合让组织恢复，并于软组织愈合且不再发炎和易碎后进行二次修补。但多次手术修补会因形成纤维瘢痕和软组织挛缩导致难以再次修补，认识到这一点非常重要。导致伤口开裂的另一个可能原因为下颌骨犬齿导致的咬合性损伤。刚做完唇腭裂修补术后，立即对牙齿咬合进行评估应谨慎。如果下颌犬齿咬合至手术部位，那么应考虑降低牙冠高度并治疗或抽出牙髓。

5.11 小结

兽医文献尚未对原腭裂进行详细描述

和定性，且尚无准确或实用的分类体系。原腭裂手术修补难度较大，应全面了解该部位的解剖结构，并遵循重要手术原则，以获得最佳疗效。

参考文献

[1] Manfra SM. Cleft palate repair techniques. In：Verstraete FJM, Lommer MJ, editors. Oral and maxillofacial surgery in dogs and cats. Edinburgh（United Kingdom）：Saunders Elsevier；2012. 351–361.

[2] Nanci A. Embryology of the head, face and oral cavity. In：Dolan J, editor. Ten cate's oral hisology development, structure and function. 7th edition. St Louis（MO）：Mosby Elsevier；2008. 32–56.

[3] James JN, Costello BJ, Ruiz RL. Management of cleft lip and palate and cleft orthognathic considerations. Oral Maxillofac Surg Clin North Am 2014；26（4）：565–572.

[4] Ellis E. Management of patients with orofacial clefts. In：Hupp JR, editor. Contemporary oral and maxillofacial surgery. 5th edition. St Louis（MO）：Mosby Elsevier；2008. 583–603.

[5] Kelly KM, Bardach J. Biologic basis of cleft palate and palatal surgery. In：Verstraete FJM, Lommer MJ, editors. Oral and maxillofacial surgery in dogs and cats. Edinburgh（United Kingdom）：Saunders Elsevier；2012. 343–350.

[6] Wang KH, Heike CL, Clarkson MD, et

al. Evaluation and integration of disparate classification systems for clefts of the lip. Front Physiol 2014; 5: 1–11.

[7] Bender PL. Genetics of cleft lip and palate. J Pediatr Nurs 2000; 15 (4): 242–249.

[8] Dixon MJ, Marazita ML, Beaty TH, et al. Cleft lip and palate: understanding genetic and environmental influences. Nat Rev Genet 2011; 12 (3): 167–178.

[9] Dreyer CJ, Preston CB. Classification of cleft lip and palate in animals. Cleft Palate J 1974; 11: 327–332.

[10] Nemec A, Daniaux L, Jonson E, et al. Craniomaxillofacial abnormalities in dogs with congenital palatal defects: computed tomographic findings. Vet Surg 2015; 44: 417–422.

[11] Meng L, Bian Z, Torensma R, et al. Biological mechanisms in palatogenesis and cleft palate. J Dent Res 2009; 88 (1): 22–33.

[12] Nouri N, Memarzadeh M, Carinci F, et al. Family-based association analysis between nonsyndromic cleft lip with or without cleft palate and IRF6 polymorphism in an Iranian population. Clin Oral Investig 2015; 19 (4): 891–894.

[13] Mostowska A, Hozyasz KK, Wo' jcicki P, et al. Association between polymorphisms at the GREM1 locus and the risk of nonsyndromic cleft lip with or without cleft palate in the Polish population. Birth Defects Res A Clin Mol Teratol 2015; 103 (10): 847–856.

[14] Senders CW, Eisele P, Freeman LE, et al. Observations about the normal and abnormal embryogenesis of the canine lip and palate. J Craniofac Genet Dev Biol Suppl 1986; 2: 241–248.

[15] Natsume N, Miyajima K, Kinoshita H, et al. Incidence of cleft lip and palate in beagles. Plast Reconstr Surg 1994; 93 (2): 439.

[16] Richtsmeier JT, Sack GH, Grausz HM, et al. Cleft palate with autosomal recessive transmission in Brittany spaniels. Cleft Palate Craniofac J 1994; 31 (5): 364–371.

[17] Kemp C, Thiele H, Dankof A, et al. Cleft lip and/or palate with monogenic autosomal recessive transmission in pyrenees shepherd dogs. Cleft Palate Craniofac J 2009; 46 (1): 81–88.

[18] Moura E, Cirio SM, Pimpa˜o CT. Nonsyndromic cleft lip and palate in boxer dogs: evidence of monogenic autosomal recessive inheritance. Cleft Palate Craniofac J 2012; 49 (6): 759–760.

[19] Wolf ZT, Brand HA, Shaffer JR, et al. Genome-wide association studies in dogs and humans identify ADAMTS20 as a risk variant for cleft lip and palate. PLoS Genet 2015; 11 (3): e1005059.

[20] Wolf ZT, Leslie EJ, Arzi B, et al. A LINE-1 Insertion in DLX6is responsible for cleft palate and mandibular abnormalities in a canine model of Pierre Robin sequence. PLoS Genet 2014; 10 (4): e1004257.

[21] Prabhu S, Krishnapillai R, Jose M, et al. Etiopathogenesis of orofacial clefting revisited. J Oral Maxillofac Pathol 2012; 16 (2): 228–232.

[22] Rajendran R, Shaikh SF, Anil S. Tracing disease gene (s) in non-syndromic clefts of orofacial region: HLA haplotypic linkage by analyzing the microsatellite markers: MIB, C1_2_5, C1_4_1, and C1_2_A. Indian J Hum Genet 2011; 17 (3): 188–193.

[23] Young DL, Schneider RA, Hu D, et al. Genetic and teratogenic approaches to craniofacial development. Crit Rev Oral Biol Med 2000; 11 (3): 304–317.

[24] Inoyama K, Meador KJ. Cognitive outcomes of prenatal antiepileptic drug exposure. Epilepsy Res 2015; 114: 89–97.

[25] Elwood JM, Colquhoun TA. Observations on the prevention of cleft palate in dogs by folic acid and potential relevance to humans. N Z Vet J 1997; 45 (6): 254–256.

[26] Robertson RT, Allen HL, Bokelman DL. Aspirin: teratogenic evaluation in the dog. Teratology 1979; 20 (2): 313–320.

[27] Jurkiewicz MJ, Bryant DL. Cleft lip and palate in dogs: a progress report. Cleft Palate J 1968; 5: 30–36.

[28] Syska E, Schmidt R, Schubert J. The time of palatal fusion in mice: a factor of strain susceptibility to teratogens. J Craniomaxillofac Surg 2004; 32 (1): 2–4.

[29] Nelson AW. Cleft palate. In: Slatter DH, editor. Textbook of small animal surgery, vol. 1, 3rd edition. Philadelphia: Saunders Elsevier; 2003. 814–823.

[30] Arzi B, Verstraete FJM. Repair of a bifid nose combined with a cleft of the primary palate in a 1-year-old dog. Vet Surg 2011; 40 (7): 865–869.

[31] Kremenak CR, Huffman WC, Olin WH. Growth of maxillae in dogs after palatal surgery I. Cleft Palate J 1970; 4: 6–17.

[32] Kremenak CR, Huffman WC, Olin WH. Growth of maxillae in dogs after palatal surgery II. Cleft Palate J 1967; 7: 719–736.

[33] Bar-Am Y, Pollard RE, Kass PH, et al. The diagnostic yield of conventional radiographs and computed tomography in dogs and cats with maxillofacial trauma. Vet Surg 2008; 37 (3): 294–299.

[34] Pascoe PJ. Anesthesia and pain management. In: Verstraete FJM, Lommer MJ, editors. Oral and maxillofacial surgery in dogs and cats. Edinburgh (United Kingdom): Saunders Elsevier; 2012. 23–42.

[35] Sarkiala-Kessel EM. Use of antibiotics and antiseptics. In: Verstraete FJM, Lommer MJ, editors. Oral and maxillofacial surgery in dogs and cats. Edinburgh (United Kingdom): Saunders Elsevier; 2012. 15–21.

6 鼻咽狭窄的诊断与治疗

Allyson C. Berent，DVM

关键词　鼻咽狭窄；鼻后孔闭锁；球囊扩张术；鼻咽支架置入术；覆膜金属支架；球囊扩张式金属支架；自膨式金属支架

要　点
- 鼻后孔闭锁在小动物兽医临床较为罕见，且大多数病例被误诊，实际上为鼻咽狭窄；

- 鼻咽狭窄是一种顽固性疾病，因为手术治疗后复发率较高；

- 微创治疗法，如球囊扩张术（balloon dilation，BD）、金属支架（metallic stent，MS）置入或覆膜金属支架（covered metallic stent，CMS），可以取得很好的治疗效果，但可能会引发多种并发症，必须予以考虑；

- 采用球囊扩张治疗引发的最常见并发症为 70% 的病例出现狭窄复发；

- 采用金属支架治疗的最常见并发症为组织生长、慢性感染及形成口腔瘘；覆膜金属支架的最常见并发症为慢性感染和形成口腔瘘，但可避免狭窄复发。

　　鼻咽狭窄（Nasopharyngeal stenosis，NPS）是鼻咽内的一种病理性狭窄，是指鼻咽腔后侧鼻后孔高于硬腭及软腭。这种状况会导致静止状态时吸气及呼气时产生鼾声，尤其是闭口呼吸时。该病既可以为先天性异常，与鼻后孔闭锁类似，也可以继发于炎症，如慢性鼻炎、吸入性鼻炎、外伤或肿瘤 / 息肉，其中后者较为常见 [1-7]。犬发生鼻咽狭窄的最常见原因为麻醉过后的吸入性鼻炎 [4, 6, 8, 9]，而猫最常见于疾病恢复阶段，怀疑是有慢性炎性疾病、疱疹病毒或先天性瘢痕组织形成引发的[10]。在兽医文献中，仅有少量病例对鼻咽狭窄进行了描述[1-9, 11-13]，但最近有学者以摘要形式报道了 46 例犬、猫有此现象[10]。由于腭部手术后复发率较高，因此通常建议采用微创干预措施[1-14]。最常见方法为球囊扩张术[6-12]、金属支架置入术[3, 6, 9, 10]，或扩张狭窄后临时使用硅酮造管[15]。所有这些方法对各种适应证均有效，但可能会出现复发及各种并发症[1-15]。

6.1 临床表现

呼吸症状通常与固定性阻塞相同，固定性阻塞是吸气及呼气均会出现阻塞，张口呼吸即可解决。动物会出现打鼾、呼吸困难或轻微嘈杂；可能还会伴有因滑动性食管裂孔疝及食管肿胀导致的慢性胃内容物返流。此外，动物还可能会保持张口呼吸，或存在慢性鼻分泌物，可见干呕或重复吞咽、慢性上呼吸道感染、慢性中耳炎和打喷嚏[1-15]。因此，慢性上呼吸道感染、近期麻醉史、耳炎或既往手术史对诊断非常重要。

6.2 诊断

通常采用柔性内镜于鼻咽部反曲鼻镜检查期间诊断鼻咽狭窄（**图 6.1**）。计算机断层扫描（Computed tomography, CT）也可用于诊断鼻咽狭窄，但如果层厚过厚，则有可能漏过病变（**图 6.2**）。笔者通常建议采用 1mm 的层厚，这有助于确定病变，并准确测量狭窄长度及鼻咽直径，包括狭窄部位前侧及后侧（**图 6.2**）。由于许多患病动物并发有慢性鼻炎，所以应从鼻孔尖部至喉部拍摄 CT 图像，包括整个鼻部和鼻咽部。认识到大多数患病动物在病变前侧存在黏液积累也非常重要，狭窄段经常在 CT 图像中看起来要比实际的长。这使得在反曲鼻镜和顺行对比鼻咽镜检查期间对病变长度的确切描述更为准确（**图 6.3**）。由于咽鼓管引流，导致鼓泡通常也充满黏液，这是长期受鼻咽狭窄阻碍所致，很少具有临床意义。

应进行彻底口腔检查以确保无腭缺损，该病变较为罕见但并不是不存在，如

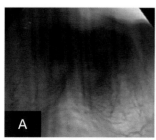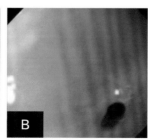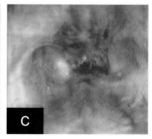

图 6.1　反曲鼻镜检查时的鼻咽内镜图像。A. 犬的正常鼻咽；B. 猫的开放性鼻咽狭窄；C. 犬的闭合性鼻咽狭窄

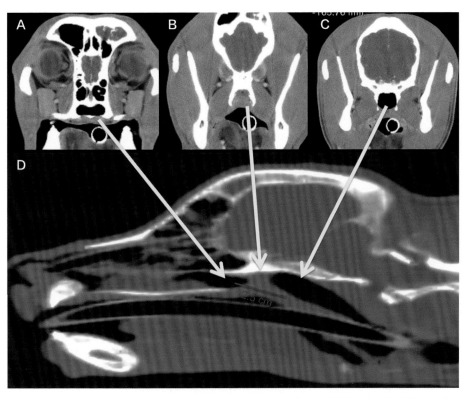

图6.2　鼻咽狭窄患犬的CT图像。A.硬腭处狭窄前侧的横断面图像；B.狭窄处的鼻咽狭窄横断面图像；C.狭窄处后侧的鼻咽横断面图像；D.头部矢状面图像，可见鼻咽狭窄位于鼻咽前段，有2.5 cm长

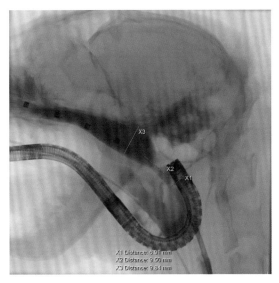

图6.3　一只猫侧卧时的透视图像，对比造影时可见鼻咽狭窄。注意用于测定狭窄长度及鼻咽背腹向直径的标记插管

果存在腭缺损则需改变所采用的治疗方法。

鼻咽狭窄的特点是存在一层未闭合的膜，这意味着阻塞性病变中间存在一孔（**图 6.1**），或闭合的膜，自狭窄病变处起整个鼻咽完全闭合（**图 6.1**）。以笔者经验来看，与猫相比，闭合膜在犬较为常见，且在大多数情况下与吸入性鼻咽或外伤有关。这种差异较为重要的原因在于治疗方法不同，且预后也不同。闭合膜通常更具渐进性，且更难以保持通畅。

在最近的一项研究中[10]，研究人员对 46 只患有鼻咽狭窄的动物（15 只犬和 31 只猫）进行了评估，中值年龄为 2.4 岁（范围为 0.25 ~ 16.35 岁），结果表明：45% 病例（自收治以来可见症状）的狭窄原因不明；17% 的病例与慢性鼻炎有关；17% 的病例与吸入性鼻炎有关（7 只犬，1 只猫）；其他病因包括慢性上呼吸道感染（9%）、先天性蹼（6.5%）和外伤 / 手术（4%）[10]。狭窄形态方面，有 76% 的病例（47% 的犬和 90% 的猫）呈开放性；24% 的病例呈闭合性（53% 的犬和 10% 的猫）[10]。在 39% 的病例狭窄部位位于鼻咽前段（87% 的犬，16% 的猫）；11% 的病例位于鼻咽中段（6.7% 的犬和 13% 的猫）；48% 的病例位于鼻咽后段（0% 的犬和 71% 的猫）[10]。

6.3 临床治疗

已报道的鼻咽狭窄治疗方法包括手术切除、激光切除、金属支架置入、覆膜金属支架置入，以及临时支架置入[1-15]。每种治疗方法均会引发多种并发症，需予以强调（**表 6.1**）。

如前文所述，鼻咽狭窄可位于鼻咽前段、中段或后段。根据笔者经验来看，对于非常薄的病变（< 5mm）及开放性狭窄，最初单独使用球囊扩张术似乎更有效。虽然最近一篇报道称经 1 次球囊扩张术后仅有 30% 的成功率[10]，但这类病变最终成功率似乎较高。对于猫而言，其病变通常较薄、呈开放性，且多位于鼻咽后段，单独使用球囊扩张术的成功率达到了 50%[10]。

6.4 手术

让患病动物侧卧，并将开口器置于相应的犬齿上，应小心谨慎以免过度拉伸下腭。麻醉师应确保气管内管囊适度充盈，因为可能需要注入造影剂并进行强力冲洗，应避免气管囊吸入液体及造影剂。在某些病例中，神经肌肉封闭对于在该敏感部位插入反曲内镜及进行其他操作时，预防过度干呕非常有用。柔性支气管镜应以反曲方式经口插入，并从软腭上方进入鼻咽，以便能够清楚地看到鼻咽狭窄（**图 6.3**）。在透视引导下，将一 0.889mm（0.035 英寸）亲水性尖头导丝经鼻孔插入腹侧鼻道，并向后插入狭窄处（**图 6.3**）。对于患有开放性鼻咽狭窄的动物，导丝可

表 6.1　治疗鼻咽狭窄的相关并发症

	组织生长	慢性炎症	支架折断	ONF	支架弯曲	过度吞咽	支架移动	移除支架	无
BD *N*=27	1 次治疗后 70%；1 次以上治疗后，50%	NA	NA	NA	NA	NA	NA	NA	46%（11/22 的猫，0/5 的犬）
MS *N*=30	33%（10）	23%（7）	17%（5）	13%（4）	6.7%（2）	6.7%（2）	6.7%（2）	3.3%（1）	30%（9）
CMS *N*=11	0	54%（6）	0	27%（3）	0	0	9%（1）	9%（1）	36%（4）
合计 *N*=34	29%（10）	38%（13）	15%（5）	20%（7）	5.9%（2）	5.9%（2）	8.8%（3）	5.9%（2）	38%（13）

缩略语：BD，球囊扩张术；CMS，覆膜金属支架置入；MS，金属支架置入；ONF，口鼻瘘管。

直接经小孔向下插入食道。

对于狭窄处无孔的患病动物，可经一侧鼻孔插入血管穿刺鞘（6~8F），沿导丝插入至狭窄处（**图 6.4**）。为创建开口，经反曲鼻镜对鼻咽狭窄进行观察，并向前插入狭窄处以观察到阻塞膜的后面。导丝可通过内镜用于在狭窄处透视图中标记狭窄后面（**图 6.4**）。可选用 18G 肾穿刺套管针沿穿刺鞘穿透阻塞膜，同时通过鼻镜进行观察（**图 6.4**）。将针朝向背内侧，以免穿透软腭，并保持位于正中线。一旦穿透阻塞膜，即拔出针芯，并将导丝通过套管针向下插入食道。然后拔出套管针及穿刺鞘，并沿导线递送一个 8F（1F=0.33mm）血管扩张器，以将穿刺孔扩大至可容纳球囊扩张术导管。

接下来，通过鼻镜确定狭窄远端，并利用解剖标志（例如，鼓泡或其他标志

物）通过透视确定其位置（**图 6.4**）。沿导丝插入一个大小适当、强度足以破坏厚纤维带或软骨样带（例如，额定破裂压力为 6~15 个大气压）的球囊扩张导管，穿过狭窄处，并用内镜和透视进行观察。用 50% 的碘海醇和 50% 的盐溶液经透视引导，利用适当的充气装置，对球囊进行扩张（**图 6.4**）。不能用手按压，因为强度不足以消除狭窄。观察狭窄腰部以扩张狭窄，然后扩张球囊并沿导线拔出。如果未放置支架，那么该球囊应比该部位狭窄的预定直径大 1mm。如果欲放置支架，那么球囊直径应为鼻咽直径的 50% ~60%，或能够放置球囊扩张金属支架（balloon-expandable metallic stent，BEMS）。存在全闭合无孔狭窄的动物通常不单独使用球囊扩张术，因为这种情况的复发率较高（＞95%），谨记这一点非常重要[10]。

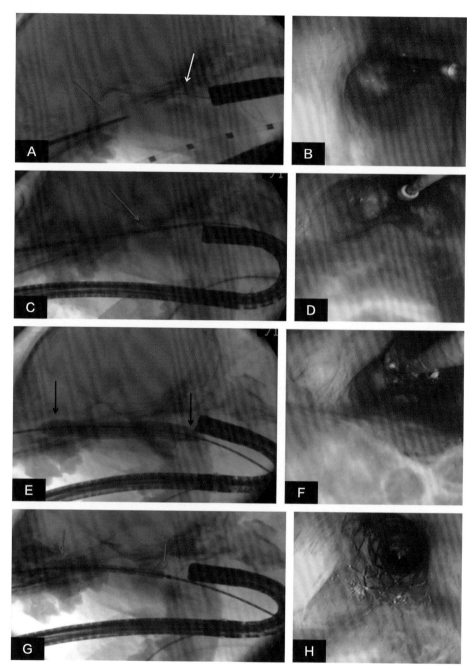

图 6.4   刺穿闭合膜时闭合性鼻咽狭窄的内镜及透视图像。A. 反曲鼻镜时侧位透视图像，可见鼻咽内的针头（红色箭头所示）和导丝（白色箭头所示）穿过内镜用于标记狭窄处末端；B. 当套管穿过狭窄处时的内镜图像；C. 导丝（红色箭头所示）穿过套管针的套管产生球囊扩张通路；D. 与图C 相同；E. 通过透视及内镜引导进行闭合性狭窄球囊扩张术（黑箭头所示）；F. 内镜引导；G. 在透视引导下，沿导丝传递预设好的鼻咽支架；H. 展开支架后的内镜图像，可见鼻咽开放以及鼻咽腔前侧的后鼻孔

6.4.1 球囊扩张术

该手术需同时借助前文所述的内镜及透视引导（**图6.4**）。一旦鼻咽狭窄扩张完毕且效果令人满意（**图6.4**），可于狭窄部位局部注入 0.1% 的丝裂霉素 C。对于猫，可注射 2.5mL；对于犬，可注射 5mL。5min 后，用盐水大力冲洗该部位[6]。输液期间和输液后，术者及麻醉师应佩戴化疗安全性手套。另一种替代方案是在内镜引导下，于黏膜下注射 0.2mg/kg 的氟羟泼尼松龙，分 4 个象限注入[6]。可采用柔性注射针通过支气管镜工作通道进行注射。某些术者会建议在消除狭窄前注射氟羟泼尼松龙，而其他药物在黏膜撕裂后再注射。通过透视引导看到整个狭窄腰段已被破坏非常重要。如果仅采用内镜观察，那么很可能会看不到黏膜撕裂，无法确保已完全消除狭窄。当联用内镜和透视进行球囊扩张术时，你可以看到真正狭窄处已被破坏，因为狭窄腰部正位于球囊上，在透视观察下也可见狭窄已消除。

单采用球囊扩张术的最大并发症是鼻咽狭窄的复发。复发通常出现在 1 周至 1 个月内，但笔者也见过在 6~12 个月后复发的病例[6, 7, 10]。在最近的一项关于 46 例鼻咽狭窄的病例报道中[10]，有 27 只患病动物最初采用了球囊扩张术进行治疗。在这 27 只患病动物中，有 30% 的动物在 1 次球囊扩张术后仍保持开放，41% 的动物经过 3 次及 3 次以下球囊扩张术后成功

治愈。总的来看，犬、猫的治疗成功率分别为 0% 和 50%[10]。多次手术的成本加之高复发率，是迫使我们开发更高成功率手术方法的动力。

6.4.2 鼻咽支架置入术

当球囊扩张术失败或不再作为首选治疗方法后，许多动物主人开始考虑鼻咽支架置入。该手术与之前描述的球囊扩张术类似，只是在鼻咽狭窄经球囊扩张（根据对比研究或 CT 检查，扩张至大约预定直径的 50%~60%）后，沿导丝送入一支架，穿过狭窄处中心，并通过内镜和透视引导展开（**图6.5**）。有多种不同类型的支架可用于此，如球囊扩张式金属支架或自膨式金属支架（Self-expanding metallic stent，SEMS）（**图6.6**）。这两种支架均可分为覆膜（CMS- 覆膜金属支架）或不覆膜（MS- 金属支架）两种。对于球囊扩张式金属支架，在透视引导下，使用 50% 造影剂 /50% 盐水混合物来扩张球囊，直至狭窄消除（**图6.5**）。如果狭窄段较长（超过 3cm）或存在球囊扩张式支架压迫史，或考虑使用覆膜支架（覆聚硅酮支架为常用自膨式金属支架）时，则使用自膨式金属支架。自膨式支架展开方式与球囊扩张式支架不同，该支架通常为网状金属支架，与器官支架类似。该支架会被压在输送系统表面，因此实际上在输送系统上要比展开后的最终长度要长，这使得难以预测展开后的最终部位及长度，如果

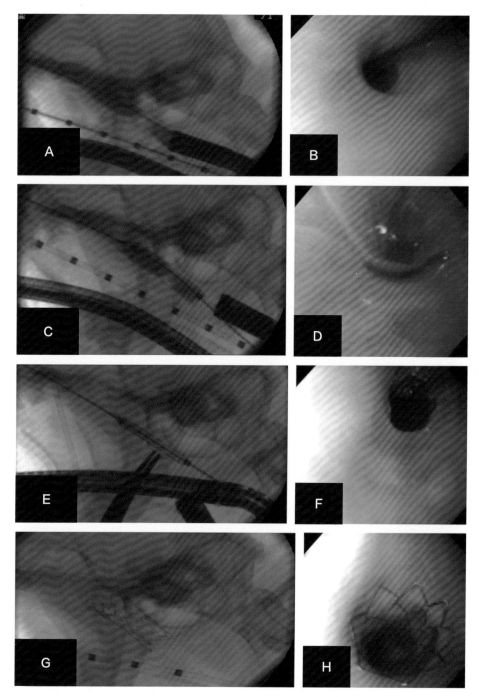

图 6.5 置入无覆膜球囊扩张式金属支架时的内镜及透视图像。A. 鼻咽对比造影时的透视图像，注意鼻咽口用于放大的标记插管；B. 穿过鼻咽狭窄处导丝的内镜图像；C. 沿导丝传递扩张鼻咽狭窄所用的球囊；D. 球囊扩张的内镜图像；E. 在展开前，沿导丝置入球囊扩张式金属支架，止血钳用于标记狭窄部位；F. 展开支架前确保跨过鼻咽狭窄后侧面的内镜图像；G. 展开后的支架透视图像；H. 展开后的支架内镜图像，可见整个狭窄处均已被覆盖

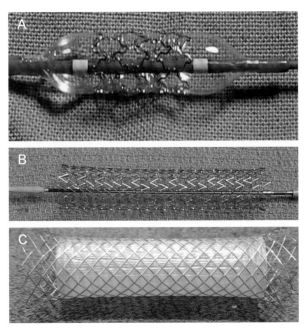

图6.6　用于鼻咽的不同类型支架。A. 置入过程中球囊扩张式金属支架；B. 自膨式金属支架；C. 部分覆膜的自膨式金属支架

没有丰富经验，在使用该支架时可能会造成很多失误。在考虑使用这种支架前建议进行正确培训，以了解其展开机制。

如果狭窄处位于鼻咽较为靠后位置，那么术者应在支架后侧至少留出 1cm 未被支架支撑的软腭，以防食物进入鼻咽。同样，如果狭窄处太靠近前侧，位于后鼻孔后侧，应小心谨慎，确定鼻中隔末端的确切位置，以防将支架近端置于一个鼻道内，否则会导致无支架鼻道内积累过多黏液，因为这会影响引流。有时会无法做到这一点，而将支架置于一侧鼻道，尤其是存在后鼻孔闭锁的情况下，但这并非理想状况，应尽可能避免。有助于预防发生这种情况的方法就是向下传递一红色橡胶导管至每个鼻道，以便术者可利用内镜通过预扩张的狭窄处看到鼻中隔的位置（两个导管汇合处）。在透视图像上标记该部位（利用臼齿／硬腭所在部位），或用 CT 扫描，然后将支架于该部位后侧展开。如果存在后鼻孔闭锁，那么可在两个鼻道与鼻咽的汇合处各放置一个支架。这被称为"对吻支架置入术"或"双屏障"。尽管经常误诊为鼻咽狭窄，但后鼻孔闭锁在犬和猫中极为罕见，因此通常不会用到该方法。一旦进行更为细致的检查，就会发现大多数被诊断出的后鼻孔闭锁病例实际上都是鼻咽狭窄。

展开支架后，沿导丝移出输送系统，将扩张的支架留在已被扩张的病变部位

（**图 6.5**）。沿导丝放置导管，移出导丝，然后用无菌盐水大力冲洗鼻腔，以清除鼻道及鼻窦内之前积累的黏液和碎片。保持内镜不动并吸出所有物质，应小心谨慎以确保不会向下沿气管内导管套周围冲入气管。最后，在移出导管之前，在狭窄处注射局部麻醉药（布比卡因，犬 1mg/kg，猫 0.2mg/kg）。

金属支架的并发症为进一步向上扩张。最近的一项报道称，采用未覆膜金属支架成功使 67% 的犬和猫狭窄处保持开放，其中许多犬、猫之前曾单独采用球囊扩张术，但失败了[10]。其余 33% 的病例可见组织穿过未覆膜金属支架间隙继续生长，从而导致再狭窄，需要采用覆膜金属支架[10]。

6.4.3 覆膜金属支架

根据支架类型（球囊扩张式金属支架或自膨式金属支架），按前文所述正确置入覆膜金属支架。手术的唯一区别在于通常需要对软腭进行缝合，以防支架移动，因为这种支架不会嵌入鼻咽黏膜。置入覆膜金属支架病例自置入后的成功率一直为 100%[10]，且大多数均为置入金属支架或进行球囊扩张术后发现组织生长，又置入的覆膜金属支架。

猫所用支架中值尺寸为直径 8mm，长 20mm［范围：直径（9～10）mm×长（16～34）mm］，犬所用支架中值尺寸为直径 10mm，长 30mm［范围：直径（7～16）mm × 长（20～40)mm][10]。

6.4.4 临时导管 / 支架

采用球囊扩张术或手动创伤破坏狭窄处后，跨鼻咽狭窄处采用一段聚硅酮导管（如 24F 或 30F 胸导管）或大口径导管是可以考虑的另一种选择。可通过透视或内镜引导或手术辅助进行。在最近的一项研究中[15]，15 只鼻咽狭窄患猫采用聚硅酮导管进行该手术，结果在放置导管 4～6 周后，有 14 只猫的狭窄有所缓解。笔者对少量猫的病例进行了测试，但猫对导管的耐受力较差，会导致过度干呕和吞咽，以及持续流出鼻分泌物。当移除导管时，在导管末端可见大量炎性组织，且动物主人对置入导管期间猫的生活质量并不满意。在撰写本文期间，尚未对鼻咽狭窄开放的成功率进行长期跟踪。犬的鼻咽狭窄病变通常比猫更具侵犯性，这就是为什么经过球囊扩张术及置入金属支架（通常需要覆膜金属支架）后的复发率如此之高。这会让人们不禁怀疑犬置入临时支架后不会像猫那样成功。

人们已经开发出了用于鼻咽狭窄患犬、患猫的新型支架，该支架是一种可回收的覆有聚硅酮的金属支架。该支架使用简便，和常见自膨式金属支架一样，但具备回收机制，以便可通过内镜在置入一段时间后取出该支架。患病动物也可像常见自膨式金属支架那样耐受该支架，但如果不再需要可以很容易地取出。其他用于该病的新型设备也在研发之中。

6.5 疾病并发症

　　每种治疗方法均可引发多种并发症，**表6.1**中对各种并发症进行了汇总。大部分数据均引自迄今为止最大的回顾性研究，该研究对鼻咽狭窄患犬、患猫的轻微侵入性治疗方法进行了评估[10]。组织生长为最长久的并发症，经过一次球囊扩张术的患病动物发生率将近70%，经过1~3次球囊扩张术的患病动物发生率为60%（100%的犬和50%的猫）[10]。在置入金属支架后该并发症发生率下降至33%[10]。对于存在闭合性膜的动物，置入金属支架后组织生长并发症的发生率为67%，如果为开放性膜发生率仅有25%[10]。这一发现表明，存在闭合性膜的动物可能会得益于覆膜金属支架，因为没有置入覆膜金属支架的犬或猫出现组织生长，并能保持鼻咽开放。

　　与支架有关的并发症包括：

　　29%的患病动物可见组织生长（金属支架为33%，覆膜金属支架为0%）；

　　38%的患病动物可见慢性感染（金属支架为23%，覆膜金属支架为54%）；

　　15%的患病动物可见支架折断（金属支架为17%，覆膜金属支架为0%）；

　　20%的患病动物出现口鼻瘘管（金属支架为13%，覆膜金属支架为27%）；

　　9%的患病动物出现支架移动（金属支架为6.7%，覆膜金属支架为9%）；

　　6%的患病动物出现支架弯曲（金属支架为6.7%，覆膜金属支架为0%）；

　　6%的患病动物可见过多吞咽（金属支架为6.7%，覆膜金属支架为0%）；

　　6%的患病动物需移除支架（金属支架3.3%，覆膜金属支架为9%）[10]。

　　出现口鼻瘘管可采用多种方法进行治疗，其中通过手术进行闭合为最常见的方法。如果手术闭合不能奏效，那么可跨该孔移植腭皮瓣或置入覆膜支架，以分离两个腔。这两种方法均可成功治疗口鼻瘘管，但该并发症治疗成本较高且令人沮丧。

　　在对鼻咽狭窄部位进行评估时[10]，发现67%前段狭窄病例、100%中段狭窄病例和59%后段狭窄病例至少存在1个并发症（*P*=0.027）。鼻咽狭窄部位与过度吞咽、支架折断、支架弯曲或需要移除不存在统计学相关性，但与口鼻瘘管（40%的中段狭窄病例）、组织生长（80%的中段狭窄病例）、慢性感染（100%中段狭窄病例）和移动（40%中段狭窄病例）统计学显著相关。

　　总的来看，在该研究[10]中，65%的病例至少会发生一种并发症（球囊扩张术为70%，金属支架置入为70%，覆膜金属支架入为55%），与性别、年龄或手术类型没有统计学相关性。组织生长并非最常见的并发症，而是行球囊扩张术病例中最常见的并发症（59%~70%），也是覆膜金属支架置入病例中最不常见的病例（0%）。

　　根据动物主人对鼻气流改善、分泌物

减少、生活质量改善，以及动物主人满意情况的描述，可以认为 76% 的病例最终治疗成功[10]。物种也与治疗结果有关，因为 87% 的猫和 60% 的犬最终治疗成功（*P*=0.038）。狭窄部位也与治疗结果有关，因为 90% 的后段、67% 的前段及 60% 的中段狭窄病例最终治疗成功。在该研究中，跟踪的中值时间为 24 个月（范围为 6 ~ 109 个月）[10]。

6.6 预后 / 争议

鼻咽狭窄通常预后良好。某些类型并发症的发生率通常微乎其微，应予以考虑并与动物主人加以讨论。在迄今为止最大的研究[10]中，仅使用球囊扩张术的临床成功率为 41%，而采用支架，临床成功率可提高至 74%[10]。在本研究中，没有犬在仅进行球囊扩张术后就被成功治愈。闭合性膜在行球囊扩张术或置入金属支架后更有可能发生并发症和组织生长，且在这些病例中，应考虑使用覆膜金属支架。需要考虑的最大并发症为组织生长（球囊扩张术病例发生率为 59%，金属支架置入病例发生率为 33%，覆膜金属支架置入病例发生率为 0%）、慢性感染（金属支架置入病例发生率为 23%，覆膜金属支架置入病例发生率为 54%）和出现口鼻瘘管（金属支架置入病例发生率为 13%，覆膜金属支架置入病例发生率为 27%）。发生口鼻瘘管的原因尚不明确，但怀疑支架移动（这

在中段鼻咽狭窄病变最为常见）可造成这类病变。

如少量猫的回顾性研究所报道的那样[15]，采用临时支架已经取得了巨大成功。狭窄的严重程度并不像笔者所见到的那么严重。笔者曾在两只猫中试着采用该方法进行治疗，当移除导管后，会再次复发，猫对置入 6 周的导管耐受性较差。可能猫品种间存在差异，因为该报道来自欧洲。笔者及其同事也在寻找易于置入的覆聚硅酮金属支架，和自膨式金属支架一样，如果有必要，可在内镜引导下很方便地移除。

6.7 小结

综上所述，采用多种微创治疗鼻咽狭窄效果并不是很理想，且会引发大量并发症，但如果最终置入了支架，大多数病例通常可以成功治愈。这些治疗方法侵入性较小，相对快捷且简便。在考虑选用哪种治疗方法前应与所有动物主人就并发症进行讨论，因为需要考虑成本效益比。在对 46 只犬和猫的最大回顾性研究中，包括情况最糟且病变最严重的病例，这些病例之前曾接受过球囊扩张术治疗但失败了，如果动物主人资金有限就求助于第三方机构置入鼻咽支架。这意味着该回顾性研究很可能存在偏倚[10]。对于动物主人，最大的问题应该是他们是否愿意对并发症进行治疗（62%）以最终获得良好临床结

果（74%），要么就在存在鼻咽狭窄的情况下继续存活。

参考文献

[1] Billen F，Day MJ，Clercx C. Diagnosis of pharyngeal disorders in dogs：a retrospective study of 67 cases. J Small Anim Pract 2006；47：122–129.

[2] Allen HS，Broussard J，Noone KE. Nasopharyngeal disease in cats；a retrospective study of 53 cases（1991-1998）. J Am Anim Hosp Assoc 1999；35：457–461.

[3] Novo RE，Kramek B. Surgical repair of nasopharyngeal stenosis in a cat using a stent. J Am Anim Hosp Assoc 1999；35：251–256.

[4] Coolman BR，Marretta SM，McKiernan BC，et al. Choanal atresia and secondary nasopharyngeal stenosis in a dog. J Am Anim Hosp Assoc 1998；34：497–501.

[5] Mitten RW. Nasopharyngeal stenosis in four cats. J Small Anim Pract 1988；29：341–345.

[6] Berent A，Weisse C，Todd K，et al. Use of a balloon-expandable metallic stent for treatment of nasopharyngeal stenosis in dogs and cats：six cases（2005-2007）. J Am Vet Med Assoc 2008；233：1432–1440.

[7] Berent A，Kinns J，Weisse C. Balloon dilatation of nasopharyngeal stenosis in a dog. J Am Vet Med Assoc 2006；229：385–388.

[8] Hunt GB，Perkins MC，Foster SF，et al. Nasopharyngeal disorder of dogs and cats：a review and retrospective study. Compend Contin Educ Pract Vet 2002；24：184–198.

[9] Cook A，Mankin K，Saunders A，et al. Palatal erosion and oronasal fistulation following covered nasophyangeal stent placement in two dogs. Ir Vet J 2013；66：68.

[10] Burdick S，Berent A，Weisse C，et al. Evaluation of short and long term outcomes using various interventional treatment options for nasopharyngeal stenosis in 46 dogs and cats [Abstract]. Nashville（TN）：Wiley-Blackwell；2015.

[11] Glaus TM，Tomsa K，Reusch CE. Balloon dilation for the treatment of chronic recurrent nasopharyngeal stenosis in a cat. J Small Anim Pract 2002；43：88–90.

[12] Glaus TM，Gerber M，Tomsa K，et al. Reproducible and long-lasting success of balloon dilation of nasopharyngeal stenosis in cats. Vet Rec 2005；157：257–259.

[13] Boswood A，Lamb CR，Brockman DJ，et al. Balloon dilatation of nasopharyngeal stenosis in a cat. Vet Radiol Ultrasound 2003；44：53–55.

[14] Henderson SM，DayBM，Caney SM，et al. Investigation of nasal disease in the cat-a retrospective study of 77 cases. J Feline Med Surg 2004；6：245–257.

[15] De Lorenzi D，Bertoncello D，Comastri S，et al. Treatment of acquired nasopharyngeal stenosis using a removalbe silicone stent. J Feline Med Surg 2015；17（2）：117–124.

7 短头综合征

Gilles Dupré，Univ Prof Dr Med Vet，

Dorothee Heidenreich，Dr Med Vet

关键词　短头气道阻塞综合征；软腭；喉部塌陷

要　点 ● 短头犬种头骨形态异常会导致鼻道受压迫；

● 额外黏膜增生和继发性上呼吸道塌陷会导致多级阻塞以及所谓
的短头综合征；

● 手术治疗通常包括加宽狭窄的鼻孔和通过各种腭成形术以改善
通过声门裂的气流；

● 临床症状显著改善的整体预后极佳。

本文所附视频见：http：//www.
vetsmall.theclinics.com

短头综合征（Brachycephalic
syndrome，BS）是引发短头犬种呼吸
窘迫的一个确切原因[1-3]。常见于英国
斗牛犬、法国斗牛犬、巴哥犬和波士顿
狸，但北京犬、西施犬、骑士查理士王
猎犬、拳师犬、波尔多犬和斗牛獒犬也
可列为短头犬种[4]。大多数犬主人表示
动物可见发热、应激和运动不耐受、打
鼾、吸气困难等症状，在严重病例中，
还可见发绀，甚至是昏厥。此外，还可
见睡眠性呼吸暂停[5]，偶见消化道症状，
如呕吐和返流。

7.1 短头犬种的解剖与病理生理学变化

7.1.1 头骨构造异常

与中头和长头犬种相比，短头犬种头
骨较短较宽[6, 7]，这会导致鼻道受压迫[8]
并会改变咽部解剖结构[9-11]。此外，据报
道，巴哥犬下颌骨会向背侧偏转，额窦很

小或无额窦[12, 13]，嗅球朝向腹侧[14]，另外，与法国斗牛犬和英国斗牛犬相比，颅面头骨较短[12, 14-17]。

向背侧旋转已被视为鼻咽鼻甲骨异常的一个潜在原因，该病在巴哥犬较为常见（**图7.1**和**图7.2**）[3, 12, 18-20]。

7.1.2 软组织变化

7.1.2.1 鼻孔狭窄

鼻孔狭窄是短头综合征典型且易于识别的一种原发性解剖构造，这会导致每个鼻孔缩小至垂直缝状（**图7.3**）。

7.1.2.2 软腭肥大

虽然相关文献过去常常强调软腭有所延长[2, 18, 21]，且会摆动和阻塞声门裂，但最近X线检查、CT及组织学检查均表明，软腭会出现病理性增厚，这在鼻咽阻塞中起到了重要作用[3, 13, 22-27]。一项研究[22]表明，软腭厚度与临床症状严重程度之间存在正相关。最近使用CT评估气道大小的一项研究也表明，与巴哥犬相比，法国斗牛犬软腭显著增厚，但81%的巴哥犬软腭背侧无自由气道空间[13]。除存在软腭肥大外，CT及内镜研究均报道称鼻咽黏膜也存在增生[28, 29]、扁桃体肥大和外翻[30]，以及舌过长和增厚（巨舌症）的症状，这会进一步向背侧推移软腭[31]。

7.1.3 喉、气管和支气管异常

7.1.3.1 喉部疾病

与短头综合征有关的喉部疾病被认为主要是继发于咽部的气流紊乱和慢性高负压[2, 21, 23, 32, 33]，包括：

- 黏膜水肿；
- 喉小囊外翻（Everted laryngeal saccules，ELS）；
- 喉部塌陷。

在早期分类中，喉小囊外翻被认为是喉部塌陷的第一期[34]（**图7.4**）。第二期特点为杓状软骨楔形突向内侧移位，第三期特点为小角突塌陷，伴有声门裂背弓缺

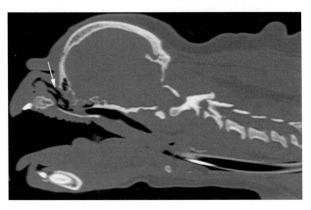

图7.1 上颌骨向背侧旋转。4岁巴哥犬正中矢状面CT图像，可见上颌骨向背侧旋转（箭头所示）

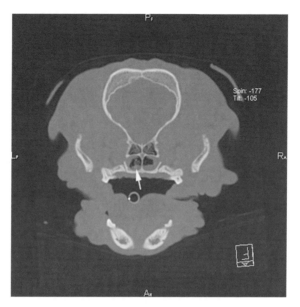

图 7.2　鼻甲异常。法国斗牛犬横断面 CT 图像，可见鼻咽处鼻甲异常（箭头所示）

图 7.3　鼻孔狭窄。2 岁法国斗牛犬鼻孔狭窄

失。总的来看，短头综合征患犬的喉部塌陷的发生率为 50%[35, 36] ～95%[37]。有研究报道显示，巴哥犬声门裂尺寸较小[38]，且与法国斗牛犬相比，更易发生重度喉部塌陷[39]。对于该犬种，杓状软骨甚至会反转进入喉腔，从而导致硬度不够（软骨软化），这会使咽部无法耐受喉部的高负压[23]（视频 7.1）。

7.1.3.2　气管及支气管异常

气管发育不全[2, 18, 40]是指气管直径（Tracheal diameter，TD）与胸部入口（Thoracic inlet，TI）比值（TD∶TI）

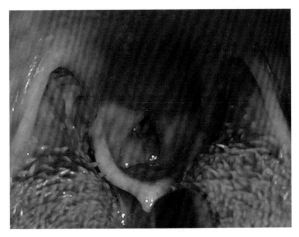

图 7.4　喉小囊外翻。存在 1 期喉部塌陷和喉小囊外翻的法国斗牛犬的喉镜视图

在非短头犬中低于 0.2，在短头犬中低于 0.16[41]，在 13% 的短头综合征患犬中均可见气管发育不全[10, 42]。在短头犬种中，英国斗牛犬气管发育不全发生率最高，且该犬种气管发育不全的 TD：TI 标准被定为低于 0.12。虽然气管发育不全犬的气道阻力会增大，但其引发短头综合征的作用却微乎其微[3]。

有研究发现，支气管塌陷与喉部塌陷的严重程度存在显著相关性（P=0.45），且巴哥犬受影响最为严重。左侧支气管通常更易受支气管塌陷的影响[37]。无论病因是软骨硬度缺失（软骨软化），还是胸内负压或压迫加剧，均需要做进一步研究（视频 7.2）。

7.1.4 短头综合征相关胃食管疾病

吞咽困难、呕吐和返流是短头犬种的临床症状[32]，对短头综合征患犬的研究表明，还存在并发性食管、胃或十二指肠异常[43]。吸气导致的胸内负压被认为是胃食管返流的主要原因[44-47]。由此引发的返流和呕吐会导致上段食管、咽部和喉部发炎[48]。法国斗牛犬会比巴哥犬更多地表现出较为严重的消化道症状[39, 49]。

7.2 诊断

通常根据主诉、临床检查和诊断性成像作出诊断。

7.2.1 临床诊断

打鼾、吸气困难、发绀以及最严重的病例还会发生昏厥，这些是最常见的主诉症状。经检查，可见鼻孔狭窄和腹式呼吸吸气行为。应格外关注呼吸音。

虽然打鼾最有可能是由口咽区气体湍流引起的，但与极度吸气行为有关的高音调，在紊乱气流通过塌陷的喉部或咽部时，会导致更为严重的气道压迫。

7.2.2 诊断性成像

X线检查、透视、CT和内镜研究均可用于评估呼吸道的静态和动态阻塞情况 [8, 12, 13, 22, 23, 50]。在临床实践中，短头综合征患犬的正确评估应至少包括颈部及胸部X线检查和上呼吸道内镜检查。

- 进行胸部X线检查记录继发性心脏或肺脏疾病，并排除吸入性肺炎。另一方面，有时还会在侧位X线片发现滑动型裂孔疝；
- 颈部侧位X线检查（当无法拍摄CT图像时）可有助于根据鼻咽和口咽之间的软组织密度影评估软

腭厚度 [1]；
- 头、颈部CT成像可详细评估鼻孔、前庭、鼻腔和鼻咽及口咽（**图7.5**）[12, 13, 22]；
- 内镜检查可提供上呼吸道内更为详细的动态变化信息；
- 对于插有气管插管的犬，用120°刚性内镜或柔性内镜逆向检查鼻腔，可很好地评估鼻咽组织增生和塌陷，以及鼻甲是否存在异常（**图7.6**，视频7.3和视频7.4）；
- 对于插有气管插管的犬，喉镜检查可暴露喉小囊外翻，还可有助于评估喉部动态情况。对于喉部塌陷患犬，吸气时无外展，甚至会出现杓

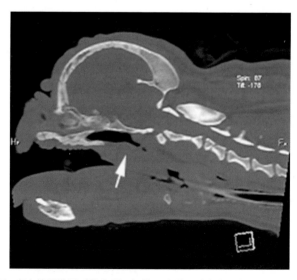

图7.5　软腭增厚。存在软腭增厚（箭头所示）的2岁法国斗牛犬正中矢状面CT图像

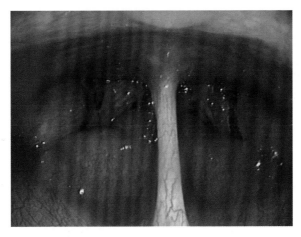

图 7.6　鼻咽鼻甲。逆向鼻镜图像，可见鼻咽鼻甲异常

状软骨的反向移动。在巴哥犬和其他喉软骨软化病患犬中，杓状软骨楔形突背侧缘甚至会反转进入喉腔（**视频 7.5**）。

7.3　关于短头综合征的争议

一般认为短头综合征是由可导致吸气阻力增加的解剖结构变化引起的[32, 42, 51, 52]。面对显著负压，软组织会被吸入腔内从而导致上呼吸道塌陷[23, 32]。喉小囊外翻、鼻咽塌陷和喉部塌陷有可能会导致临床症状，并使短头综合征进一步恶化，这可最终导致昏厥，并死于窒息[42, 52]。

虽然在过去人们将于声门裂处摆动的过长软腭认定为短头综合征的主要原因，但目前仍难以确定引发临床症状的最主要原因。已知鼻是整个气道系统中气流阻力的最主要来源[53, 54]，且对鼻阻力的研究已确认，短头犬种的鼻内阻力显著高于正常犬[55, 56]。有研究人员推断上呼吸道主要阻塞是继发于鼻甲异常[12]或位于受压迫的鼻咽部[22]。但比较巴哥犬和法国斗牛犬发病后期 CT 的研究表明，最小气道空间位于软腭背侧，即使是在鼻咽鼻甲异常患犬[13]。此外，临床表现正常的英国斗牛犬也见鼻甲异常[57]，这意味着仍需对鼻甲异常能够引发短头综合征的说法作全面评估。

虽然通常认为喉部塌陷与疾病的渐进性有关，但直到最近才证明年龄与严重喉部塌陷之间存在显著相关性[39]。在另一项包括 1 期喉部塌陷巴哥犬、英国斗牛犬和法国斗牛犬的研究中，无法证明声门指数与年龄或体重之间存在相关性[38]。最后，在最近的两项研究中，短头综合征的整体术后预后不受喉部塌陷严重程度的影响[21, 39]。

总的来看，虽然很明显就看到只要鼻孔阻塞气流就无法通过鼻部，但尚不明确哪部分气道（鼻腔、鼻咽或声门裂）阻塞是造成短头综合征的最主要原因。在这一点上，切除软腭可能是鼻咽腔开放的结果，而不是声门裂阻塞缓解的结果。

7.4 短头综合征的治疗

7.4.1 药物疗法

表现出急性呼吸窘迫症状的患犬应采用降温、镇静剂、氧疗或抗炎药物进行治疗。无论何时在短头综合征患犬中发现消化道症状，在术前或刚刚手术后均推荐进行药物治疗，包括氢离子分泌抑制剂和促胃动力药。

7.4.2 手术疗法

时机

根据综合征的病理生理学特点，应尽早缓解近端的局部阻塞，以防病情恶化或可能出现的反向组织塌陷[10, 42, 58]，但尚未确定纠正上呼吸道阻塞的最佳时机，推荐于 6 月龄以后进行。近期有研究表明，给成年犬或中年犬进行手术，仍可改善临床症状[39]。

7.4.3 鼻孔狭窄

多种手术方法均可用于矫正鼻孔狭窄：鼻翼切除术[59, 60]、各种鼻翼成形术、鼻翼固定术[61]和口腔前庭成形术。

鼻翼整形术为最常用的手术，需于存在原发性闭合缺陷的鼻翼做一楔形切口，该楔形切口可呈垂直向、水平向[58, 62]或朝向外侧[10, 42, 63]。使用 11 或 15 号手术刀片或打孔器做切口[64]。使用可吸收丝线，进行 2 ~ 4 处单纯间断缝合以对齐楔形切口边缘。缝合后，可很快止住出血。

有人已使用口腔前庭成形术代替鼻翼整形术以进一步改善气流[65]，该手术涉及鼻翼背内侧和后侧部分，从而可获得宽且开放的前庭。

7.4.4 鼻甲切除术

鼻甲切除术[66]及其激光辅助切除术（Laser-assisted variation turbinectomy, LATE）[67]旨在切除鼻甲腹侧及内侧畸形阻塞部位。与术前相比，行激光辅助切除术联合口腔前庭成形术和悬雍垂切除术 3 ~ 6 个月后，可使鼻内阻力下降 55%[55]。研究表明，切除的鼻甲可局部再生，但黏膜接触点较少[68]。鼻甲切除术对鼻内阻力的长期积极影响及对体温调节的负面影响需要做进一步的研究。

7.4.5 延长性软腭

矫正延长性软腭常见手术技术的目的在于通过简单切除后侧部分（悬雍垂切除术）来缩短软腭，以防吸气时阻塞声门裂。有研究人员推荐了多个不同解剖标识，包括会厌末端[32, 62, 69-71]或腭扁桃体的后侧面[10, 33, 69, 71, 72]。

进行悬雍垂切除术时，用 Allis 钳或固定缝合固定软腭后侧缘[70, 73]，然后用手术刀片[5, 58, 70]、剪刀[32, 42, 62, 74]、单电极烧灼[58, 69, 75]、二氧化碳激光[2, 71, 75-77]、二极管激光[75]或双击密封装置（Ligasure，Valleylab，Covidien，Boulder，Colorado）[73, 77]切除过长的软腭。

这些软腭切除方法不一定会解决软腭增生问题，有研究对专门设计用于缩短并切薄软腭的方法进行了描述[24, 73, 75, 78, 79]。人们

框 7.1　折叠皮瓣腭成形术的手术步骤

- 保定头部，保持口部开张。向前拉出舌，并用连接于关节杆的可伸展牵拉器保持舌位置不变
- 用镊子夹住软腭后侧缘并向前背侧拉入口咽内，直至可见到鼻咽后侧开口
- 标记软腭腹侧黏膜的接触点，因为这是软腭的近端切口处
- 然后以梯形形状从本标记前侧向软腭游离端切除软腭腹侧黏膜
- 让该梯形侧边紧贴扁桃体内侧
- 将软腭欲切除部分的软组织连同部分腭帆提肌一起切除
- 向前牵拉软腭后侧缘，并向上折叠紧贴于软腭本身，然后使用单股可吸收缝合线采用单纯间断缝合

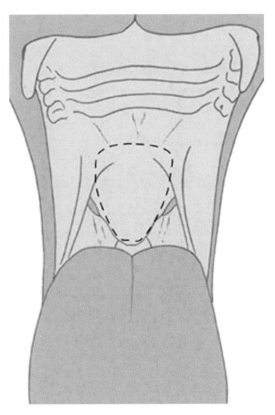

图 7.7　折叠皮瓣腭成形术：切薄软腭增生过程中的口腔黏膜切线

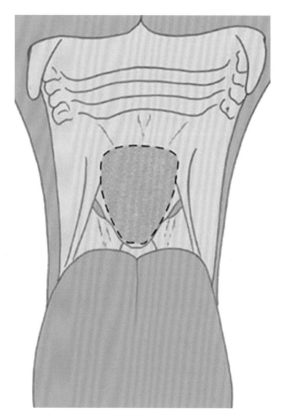

图7.8 折叠皮瓣腭成形术：软腭切除的末端。黄色区域为切除的软腭部分

已经开发出了折叠皮瓣腭成形术（Folded flap palatoplasty，FFP），用于矫正过长且过厚的软腭，从而缓解鼻咽阻塞[24, 78, 79]。在该方法中，通过切开一部分口咽黏膜和下层软组织来使软腭变薄。另外，通过折叠软腭直至经口稳定可见鼻咽后侧的开口，来使软腭变短（**框7.1，图7.7-图7.9，视频7.7**）。

行折叠皮瓣腭成形术后尚未发现术后不良反应或咽–鼻返流[73, 75, 79]。无论选用哪种技术，用于放大或照明手术部位内镜和高清摄像系统（VITOM TM，

Karl Storz Endoscopy，Tuttlingen，Germany）均会非常有用（**图7.10**）。

7.4.6 喉部疾病的手术治疗

7.4.6.1 喉小囊外翻

有研究人员对采用电烙术、剪刀、扁桃体勒除器和喉活检杯钳切除外翻喉小囊进行了描述[1, 10, 21, 32, 42, 62, 69, 72]。在一项行单侧切除术后重新评估喉小囊外翻的研究中，虽然可见对鼻孔和软腭进行了治疗，但未切除侧未见消退[80]。总而言之，

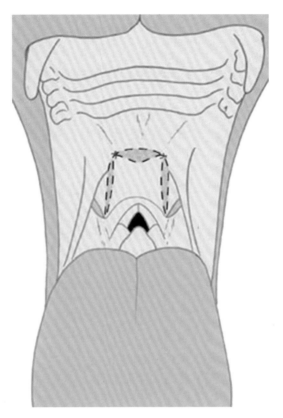

图 7.9　折叠皮瓣腭成形术：切薄的软腭向上折叠的示意图

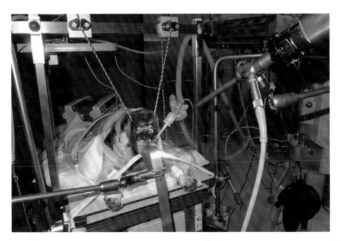

图 7.10　采用内镜进行手术。对于折叠皮瓣腭成形术，保持犬口部开张，用可伸展牵拉器向前拉出舌。用内镜（VITOM TM，Karl Storz Endoscopy，Tuttlingen，Germany）进行放大

是否需要切除外翻的喉小囊尚存疑问。在近期多项关于短头综合征疗效的研究中，对患犬鼻孔和软腭进行了矫正，未切除外翻喉小囊或未加以解决，但疗效与切除外翻喉小囊的研究相似[29, 75, 79]。同样，也会发生诸如喉蹼及再生之类的并发症[81, 82]。为此，笔者仅在喉小囊外翻会导致明显阻塞时才推荐切除外翻的喉小囊。

7.4.6.2　喉部塌陷

由于怀疑喉塌陷可能是继发于近端气道阻塞，因此应首先解决近端阻塞部位（即鼻孔和软腭），因为这样可能就不需要治疗塌陷了[2, 3, 21, 23, 33, 83]。以笔者的经验来看，只有在适当治疗鼻孔和软腭无效后，才能考虑手术治疗喉部塌陷。已经发现按之前方法[69]行部分喉切除术会导致较高的死亡率（50%），因此已不再推荐[72]。采用激光辅助部分杓状软骨切除术治疗喉麻痹可起到一定的缓解作用[84]，但需要做进一步研究。另外，杓状软骨固定术也是治疗喉软骨充分矿化的一种有效方法[33, 44, 85]。相反，当杓状软骨在吸气时有向内转动趋势的情况下，该疗法治疗巴哥犬和软骨软化患犬的疗效尚存疑问[21, 23]。如果进行前文所述手术后，气道阻塞缓解情况不佳，可尝试进行永久气管切开术作为姑息疗法[1, 10, 32, 42, 58, 86]。

7.4.6.3　其他组织的切除

当可能会引发咽部阻塞时，则推荐切除腭扁桃体[42, 69, 74]，但扁桃体切除术的优点有待做进一步研究[30, 32, 62]。同样，

还建议切除咽部多余的软组织，尤其是其背侧面[62]，但需要更多的数据来评估阻塞涉及哪些喉部组织，以及切除这些增生组织的最佳手术方法。

7.4.7　气管造口术

虽然过去一直提倡，但确实没有必要术前进行暂时气管造口术[1, 69, 87]。在过去，有5%～28%的病例在术后接受了暂时气管造口术[21, 29, 58, 79, 88]。由于短头犬种接受暂时气管造口术后并发症发生率非常高（在一项研究中高达86%）[89]，因此该手术应仅用于对常规术后护理无效的病例。

7.4.8　术后护理

术后护理的难点在于使患犬（气道黏膜有可能发生肿胀）在尚未完全苏醒前获得足够的气流。拔管后，对短头综合征患犬进行不间断监测以确定通气是否充足非常关键。

可联用或单独使用多种方法来帮助缓解上呼吸道阻塞或改善术后通气：

- 可通过悬挂上腭来使患犬恢复，这可使下腭下张，从而可进一步开放气道（**图 7.11**）；
- 提高氧气输送量——术后犬苏醒前立即插入一细的经鼻气管插管，这是一种非常简单的供氧方法，从而可越过声门裂输送氧气[3, 90]。

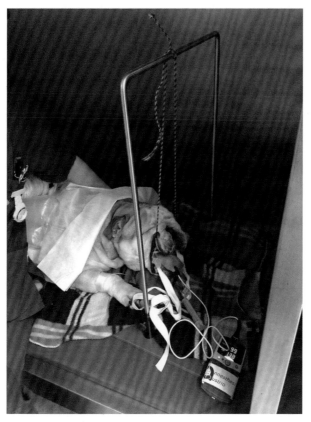

图 7.11　短头综合征手术后患犬恢复。斗牛犬从麻醉中苏醒，悬挂上腭保持口部开张以改善氧合作用

7.5 预后

准确预测每只短头综合征患犬的预后非常困难 [2, 21, 33, 58, 64, 71, 76, 91]。大多数评估短头综合征术后疗效的研究均为自然回顾性研究，并对伴有不同治疗及重建并发症的不同犬种的疗效进行了比较。另外，这些研究还经不同外科医师，对不同年龄患犬，并采用不同分析系统的手术结果进行了比较 [24, 60, 73, 75]，而且，在这些不同研究中对术后疗效进行比较存在一定的困难，因为不同犬主人对其宠物临床功能丧失及临床症状严重程度的感知能力存在差异 [92]。最近有研究采用相同诊断、治疗和评估方法，对不同犬种的术前和术后临床情况进行了比较 [39]。虽然先天性研究有限，但后期研究报告显示，大约 90% 的短头综合征患犬在经手术治疗后症状均有显著改善 [2, 24, 29, 39, 75]，这一疗效要好于较早的研究报告。同样，术后死亡率也从早期研究报告 [58, 91] 的 15% 降至近期研究

报告 [2, 24, 29, 73, 75] 的 4% 以下。在手术后立即可以观察到临床状况改善 [24, 29]。某些研究报道称，虽然与术前相比 89% 患犬的临床症状有所改善，但长期复发率可高达 100%[21]。在其他研究中，行折叠皮瓣腭成形术后前 2 周的临床分级将有所改善 [24, 39]，但在以下期间（平均 12 ～ 22 个月）仍保持不变。

7.6 小结

短头综合征患犬会发生多级气道阻塞及继发性软组织塌陷。虽然通过高级成像法（如 CT 和内镜）在治疗短头综合征方面取得了一定的进展，但导致吸气更加用力的原因仍有待做进一步的研究。最近的研究表明，即使是中年犬，术后预后也能保持良好。

参考文献

[1] Hendricks JC. Brachycephalic airway syndrome. Vet Clin North Am Small Anim Pract 1992；22：1145–1153.

[2] Riecks TW，Birchard SJ，Stephens JA. Surgical correction of brachycephalic syndrome in dogs：62 cases（1991–2004）. J Am Vet Med Assoc 2007；230：1324–1328.

[3] Dupre' G，Findji L，Oechtering G. Brachycephalic airway syndrome. In：Monnet E，editor. Small animal soft tissue surgery. Ames（IA）：Wiley-Blackwell；2012. 167–183.

[4] Meola SD. Brachycephalic airway syndrome. Top Companion Anim Med 2013；28：91–96.

[5] Farquharson J，Smith DW. Resection of the soft palate in the dog. J Am Vet Med Assoc 1942；100：427–430.

[6] Stockard CR. The genetic and endocrinic basis for differences in form and behavior. Am Anat Memoir 1941；19：775.

[7] Evans HE. The skeleton. In：Evans HE，editor. Millers' anatomy of the dog. Philadelphia：Saunders；1993. 122–218.

[8] Schuenemann R，Oechtering GU. Inside the brachycephalic nose：intranasal mucosal contact points. J Am Anim Hosp Assoc 2014；50：149–158.

[9] Arrighi S，Pichetto M，Roccabianca P，et al. The anatomy of the dog soft palate. I. Histological evaluation of the caudal soft palate in mesaticephalic breeds. Anat Rec （Hoboken）2011；294：1261–1266.

[10] Wykes PM. Brachycephalic airway obstructive syndrome. Probl Vet Med 1991；3：188–197.

[11] Trappler M，Moore K. Canine brachycephalic airway syndrome：pathophysiology，diagnosis，and nonsurgical management. Compend Contin Educ Vet 2011；33（5）：E1–4.

[12] Oechtering TH，Oechtering GU，No¨ller C. Strukturelle besonderheiten der nase brachyzephaler hunderassen in der

computertomographie. Tiera ̈ rztl Prax 2007；35：177-187.

[13] Heidenreich D，Gradner G，Kneissl S，et al. Nasopharyngeal dimensions from computed tomography of pugs and french bulldogs with brachycephalic airway syndrome. Vet Surg 2016；45（1）：83-90.

[14] Hussein AK，Sullivan M，Penderis J. Effect of brachycephalic，mesaticephalic，and dolichocephalic head conformations on olfactory bulb angle and orientation in dogs as determined by use of in vivo magnetic resonance imaging. Am J Vet Res 2012；73：946-951.

[15] Hennet PR，Harvey CE. Craniofacial development and growth in the dog. J Vet Dent 1992；9：11-18.

[16] Hussein AK. MRII mensuration of the canine head：the effect of head conformation on the shape and dimensions of the facial and cranial regions and their components [PhD Thesis]. Glasgow（United Kingdom）：University of Glasgow；2012.

[17] Regodon S，Vivo JM，Franco A，et al. Craniofacial angle in dolicho-，meso- and brachycephalic dogs：radiological determination and application. Anat Anz 1993；175（4）：361-363.

[18] Ginn JA，Kumar MS，McKiernan BC，et al. Nasopharyngeal turbinates in brachycephalic dogs and cats. J Am Anim Hosp Assoc 2008；44：243-249.

[19] Billen F，Day M，Clercx C. Diagnosis of pharyngeal disorders in dogs：a retrospective study of 67 cases. J Small Anim Pract 2006；47：122-129.

[20] Heidenreich DC，Dupre' G. The nasopharyngeal space in brachycephalic dogs：a computed tomographic comparison of Pugs and French Bulldogs. In：Proceedings 24th ECVS Annual Meeting. Berlin（Germany）：Vet Surg；2015. E20，44（5）.

[21] Torrez CV，Hunt GB. Results of surgical correction of abnormalities associated with brachycephalic airway obstruction syndrome in dogs in Australia. J Small Anim Pract 2006；47：150-154.

[22] Grand JG，Bureau S. Structural characteristics of the soft palate and meatus nasopharyngeus in brachycephalic and non-brachycephalic dogs analysed by CT. J Small Anim Pract 2011；52：232-239.

[23] Dupre' G，Poncet C. Respiratory system - brachycephalic upper airways syndrome. In：Bojrab MJ，editor. Mechanisms of diseases in small animal surgery. 3rd edition. Jackson（WY）：Teton New Media；2010. 298-301.

[24] Findji L，Dupre' G. Folded flap palatoplasty for treatment of elongated soft palates in 55 dogs. Eur J Companion Anim Pract 2009；19：125-132.

[25] Pichetto M，Arrighi S，Roccabianca P，et al. The anatomy of the dog soft palate. II. Histological evaluation of the caudal soft palate in brachycephalic breeds with grade I brachycephalic airway obstructive

syndrome. Anat Rec（Hoboken）2011；294：1267–1272.

[26] Pichetto M，Arrighi S，Gobbetti M，et al. The anatomy of the dog soft palate. III. Histological evaluation of the caudal soft palate in brachycephalic neonates. Anat Rec（Hoboken）2015；298：618–623.

[27] Crosse KR，Bray JP，Orbell G，et al. Histological evaluation of the soft palate in dogs affected by brachycephalic obstructive airway syndrome. N Z Vet J 2015；63（6）：319–325.

[28] Oechtering GU，Hueber JP，Kiefer I，et al. Laser assisted turbinectomy（LATE）：a novel approach to brachycephalic airway syndrome. In：Proceedings 16th ECVS Meeting. Dublin（Ireland）：Vet Surg；2007. E11，36（4）.

[29] Poncet CM，Dupre' GP，Freiche VG，et al. Long-term results of upper respiratory syndrome surgery and gastrointestinal tract medical treatment in 51 brachycephalic dogs. J Small Anim Pract 2006；47（3）：137–142.

[30] Fasanella FJ，Shivley JM，Wardlaw JL，et al. Brachycephalic airway obstructive syndrome in dogs：90 cases（1991-2008）. J Am Vet Med Assoc 2010；237：1048–1051.

[31] Fox MW. Developmental abnormalities of the canine skull. Can J Comp Med Vet Sci 1963；27（9）：219–222.

[32] Koch DA，Arnold S，Hubler M，et al. Brachycephalic syndrome in dogs. Comp Cont Ed 2003；25（1）：48–55.

[33] Pink JJ，Doyle RS，Hughes JML，et al. Laryngeal collapse in seven brachycephalic puppies. J Small Anim Pract 2006；47（3）：131–135.

[34] Leonard HC. Collapse of the larynx and adjacent structures in the dog. J Am Vet Med Assoc 1960；137：360–363.

[35] Wilson FD，Rajendran EI，David G. Staphylotomy in a dachshund. Indian Vet J 1960；37：639–642.

[36] Wegner W. Genetisch bedingte zahnanomalien. Prakt Tierarzt 1987；68（5）：19–22.

[37] De Lorenzi D，Bertoncello D，Drigo M. Bronchial abnormalities found in a consecutive series of 40 brachycephalic dogs. J Am Vet Med Assoc 2009；235（7）：835–840.

[38] Caccamo R，Buracco P，La Rosa G，et al. Glottic and skull indices in canine brachycephalic airway obstructive syndrome. BMC Vet Res 2014；10：12.

[39] Haimel G，Dupre' G. Brachycephalic airway syndrome：a comparative study between pugs and French bulldogs. J Small Anim Pract 2015；56（12）：714–719.

[40] Coyne BE，Fingland RB. Hypoplasia of the trachea in dogs：103 cases（1974- 1990）. J Am Vet Med Assoc 1992；201（5）：768–772.

[41] Harvey CE，Fink EA. Tracheal diameter：analysis of radiographic measurements in brachycephalic and nonbrachycephalic dogs. J Am Anim Hosp Assoc 1982；18：

570–576.

[42] Aron DN, Crowe DT. Upper airway obstruction. general principles and selected conditions in the dog and cat. Vet Clin North Am Small Anim Pract 1985; 15（5）: 891–917.

[43] Poncet CM, Dupre' GP, Freiche VG, et al. Prevalence of gastrointestinal tract lesions in 73 brachycephalic dogs with upper respiratory syndrome. J Small Anim Pract 2005; 46（6）: 273–279.

[44] Ducarouge B. Le syndrome obstructif des voies respiratoies supe` rieures chez les chiens brachyce'phales. etude clinique a` propos de 27 cas [Thesis]. Lyon（France）: University Lyon; 2002.

[45] Hardie EM, Ramirez O, Clary EM, et al. Abnormalities of the thoracic bellows: Stress fractures of the ribs and hiatal hernia. J Vet Intern Med 1998; 12（4）: 279–287.

[46] Hunt GB, O'Brien C, Kolenc G, et al. Hiatal hernia in a puppy. Aust Vet J 2002; 80（11）: 685–686.

[47] Miles KG, Pope ER, Jergens AE. Paraesophageal hiatal hernia and pyloric obstruction in a dog. J Am Vet Med Assoc 1988; 193（11）: 1437–1439.

[48] White DR, Heavner SB, Hardy SM, et al. Gastroesophageal reflux and eustachian tube dysfunction in an animal model. Laryngoscope 2002; 112（6）: 955–961.

[49] Roedler FS, Pohl S, Oechtering GU. How does severe brachycephaly affect dog's lives? Results of a structured preoperative owner questionnaire. Vet J 2013; 198: 606–610.

[50] Rubin JA, Holt DE, Reetz JA, et al. Signalment, clinical presentation, concurrent diseases, and diagnostic findings in 28 dogs with dynamic pharyngeal collapse（2008-2013）. J Vet Intern Med 2015; 29: 815–821.

[51] Leonard HC. Eversion of the lateral ventricles of the larynx in dogs - five cases. J Am Vet Med Assoc 1957; 131: 83–84.

[52] Cook WR. Observations on the upper respiratory tract of the dog and cat. J Small Anim Pract 1964; 5: 309–329.

[53] Ohnishi T, Ogura JH. Partitioning of pulmonary resistance in the dog. Laryngoscope 1969; 79（11）: 1847–1878.

[54] Negus VE, Oram S, Banks DC. Effect of respiratory obstruction on the arterial and venous circulation in animals and man. Thorax 1970; 25（1）: 1–10.

[55] Hueber J. Impulse oscillometric examination of intranasal airway resistance before and after laser assisted turbinectomy for treatment of brachycephalic airway syndrome in the dog [Thesis]. Leipzig（Germany）: University of Leipzig; 2008.

[56] Lippert JP, Reinhold P, Smith HJ, et al. Geometry and function of the canine nose: how does the function change when the form is changed? Pneumologie 2010; 64（7）: 452–453.

[57] Vilaplana Grosso F, Haar GT, Boroffka SA. Gender, weight, and age effects on prevalence of caudal aberrant nasal turbinates in clinically healthy english bulldogs: a computed tomographic study and classification. Vet Radiol Ultrasound 2015; 56 (5): 486–493.

[58] Harvey CE. Soft palate resection in brachycephalic dogs. II. J Am Anim Hosp Assoc 1982; 18: 538–544.

[59] Trader RL. Nose operation. J Am Vet Med Assoc 1949; 114: 210–211.

[60] Huck JL, Stanley BJ, Hauptman JG. Technique and outcome of nares amputation(trader's technique) in immature shih tzus. J Am Vet Med Assoc 2008; 44 (2): 82–85.

[61] Ellison GW. Alapexy: an alternative technique for repair of stenotic nares in dogs. J Am Vet Med Assoc 2004; 40 (6): 484–489.

[62] Hobson HP. Brachycephalic syndrome. Semin Vet Med Surg (Small Anim) 1995; 10 (2): 109–114.

[63] Nelson A. Upper respiratory system. In: Slatter DG, editor. Textbook of small animal surgery. 2nd edition. Philadelphia: Saunders; 1993. 733–776.

[64] Trostel CT, Frankel DJ. Punch resection alaplasty technique in dogs and cats with stenotic nares: 14 cases. J Am Vet Med Assoc 2010; 46 (1): 5–11.

[65] Oechtering GU, Schuenemann R. Brachycephalics-trapped in man-made misery? Proceedings AVSTS Meeting.

Cambridge (United Kingdom): 2010. 28.

[66] Tobias KM. Stenotic nares. In: Tobias KM, editor. Manual of soft tissue surgery. Oxford (United Kingdom): Wiley-Blackwell; 2010. 401–406.

[67] Oechtering GU, Hueber JP, Oechtering TH, et al. Laser assisted turbinectomy (LATE): treating brachycephalic airway distress at its intranasal origin. In: Proceedings ACVS Meeting. Chicago (IL): Vet Surg; 2007. p. E18, 36 (6).

[68] Schuenemann R, Oechtering G. Inside the brachycephalic nose: conchal regrowth and mucosal contact points after laser-assisted turbinectomy. J Am Anim Hosp Assoc 2014; 50: 237–246.

[69] Harvey CE, Venker-von Haagan A. Surgical management of pharyngeal and laryngeal airway obstruction in the dog. Vet Clin North Am Small Anim Pract 1975; 5: 515–535.

[70] Bright RM, Wheaton LG. A modified surgical technique for elongated soft palate in dogs. J Am Vet Med Assoc 1983; 19: 288.

[71] Davidson EB, Davis MS, Campbell GA, et al. Evaluation of carbon dioxide laser and conventional incisional techniques for resection of soft palates in brachycephalic dogs. J Am Vet Med Assoc 2001; 219 (6): 776–781.

[72] Harvey CE. Review of results of airway obstruction surgery in the dog. J Small Anim Pract 1983; 24 (9): 555–559.

[73] Brdecka DJ, Rawlings CA, Perry AC, et al. Use of an electrothermal, feedbackcontrolled, bipolar sealing device for resection of the elongated portion of the soft palate in dogs with obstructive upper airway disease. J Am Vet Med Assoc 2008; 233 (8): 1265–1269.

[74] Singleton WB. Partial velum palatiectomy for relief of dyspnea in brachycephalic breeds. J Small Anim Pract 1962; 3: 215–216.

[75] Dunie'-Me' rigot A, Bouvy B, Poncet C. Comparative use of CO2 laser, diode laser and monopolar electrocautery for resection of the soft palate in dogs with brachycephalic airway obstruction syndrome. Vet Rec 2010; 167: 700–704.

[76] Clark GN, Sinibaldi KR. Use of a carbon dioxide laser for treatment of elongated soft palate in dogs. J Am Vet Med Assoc 1994; 204 (11): 1779–1781.

[77] Brdecka D, Rawlings C, Howerth E, et al. A histopathological comparison of two techniques for soft palate resection in normal dogs. J Am Vet Med Assoc 2007; 43 (1): 39–44.

[78] Dupre' G, Findji L. Nouvelle technique chirurgicale: La palatoplastie modifie'e chez le chien. Nouveau Prat Vet 2004; 20: 553–556.

[79] Findji L, Dupre' GP. Folded flap palatoplasty for treatment of elongated soft palates in 55 dogs. Vet Med Austria/Wien Tiera ¨ rztl Mschr 2008; 95: 56–63.

[80] Cantatore M, Gobbetti M, Romussi S, et al. Medium term endoscopic assessment of the surgical outcome following laryngeal saccule resection in brachycephalic dogs. Vet Rec 2012; 170: 518.

[81] Mehl ML, Kyles AE, Pypendop BH, et al. Outcome of laryngeal web resection with mucosal apposition for treatment of airway obstruction in dogs: 15 cases (1992-2006). J Am Vet Med Assoc 2008; 233: 738–742.

[82] Matushek KJ, Bjorling DE. A mucosal flap technique for correction of laryngeal webbing. Results in four dogs. Vet Surg 1988; 17: 318–320.

[83] Seim HB. Surgical management of brachycephalic syndrome. Proceedings North American Veterinary Conference. Orlando (FL): 2010.

[84] Olivieri M, Voghera S, Fossum T. Video-assisted left partial arytenoidectomy by diode laser photoablation for treatment of canine laryngeal paralysis. Vet Surg 2009; 38: 439–444.

[85] White RN. Surgical management of laryngeal collapse associated with brachycephalic airway obstruction syndrome in dogs. J Small Anim Pract 2012; 53: 44–50.

[86] Hedlund CS. Brachycephalic syndrome. In: Bojrab MJ, Ellison GW, Slocum B, editors. Current techniques in small animal surgery. 4th edition. Baltimore (MD): Williams & Wilkins; 1998. 357–362.

[87] Orsher R. Brachycephalic airway disease. In:

Bojrab M, editor. Disease mechanisms in small animal surgery. 2nd edition. Philadelphia: Lea & Febiger; 1993. 369–70.

[88] Harvey CE, O' Brien JA. Upper airway obstruction surgery 7: Tracheotomy in the dog and cat: analysis of 89 episodes in 79 animals. J Am Anim Hosp Assoc 1982; 18: 563–566.

[89] Nicholson I, Baines S. Complications associated with temporary tracheostomy tubes in 42 dogs（1998 to 2007）. J Small Anim Pract 2012; 53: 108–114.

[90] Senn D, Sigrist N, Fortere F, et al. Retrospective evaluation of postoperative nasotracheal tubes for oxygen supplementation in dogs following surgery for brachycephalic syndrome: 36 cases（2003-2007）. J Vet Em Crit Care Med 2011; 3: 1–7.

[91] Lorinson D, Bright RM, White RAS. Brachycephalic airway obstruction syndrome - a review of 118 cases. Canine Practice 1997; 22: 18–21.

[92] Packer RMA, Hendricks A, Burn CC. Do dog owners perceive the clinical signs related to conformational inherited disorders as 'normal' for the breed? A potential constraint to improving canine welfare. Animal Welfare-The UFAW J 2012; 21: 81.

8 喉麻痹的手术治疗

Eric Monnet，DVM，PhD

关键词　单侧杓状软骨固定术；杓状软骨切除术；腹侧喉切开术；永久性
　　　　气管造口术；犬

要　点　● 单侧杓状软骨固定术为喉麻痹最常见的治疗方法；

　　　　● 在单侧固定杓状软骨对最大限度减少声门裂暴露时杓状软骨的
　　　　　过度外展非常重要；

　　　　● 经单侧固定术治疗的喉麻痹患犬的长期预后良好；

　　　　● 特发性多发性神经病为犬喉麻痹最常见的病因。

8.1 前言

喉麻痹既可表现为中枢神经病变，也可表现为多发性神经病。先天性终身神经病变可导致出现喉麻痹的早期症状（出生后第 1 个月内），而获得性多发性神经病的临床症状则出现于生命晚期。

特发性多发性神经病为喉麻痹的最常见病因。由于喉部的喉返神经为体内最长的神经，因此喉麻痹通常是全身性多发性神经病的第一个临床症状。喉返神经为喉部的唯一运动神经，可支配环杓背肌。吸

气时，环杓背肌会外展两块杓状软骨以减少气道阻力并保持适当气流，因此喉麻痹患犬通常会表现出吸气困难症状。

应对喉麻痹患犬进行全身体检，重点在于确定神经功能缺陷。神经检查可提供关于多发性神经病严重程度及阶段的信息。胸部 X 线检查对于评估肺实质有无吸入性肺炎以及检测有无食管扩张迹象非常重要。食管扩张和 / 或食管功能障碍可看作多发性神经病的一种进展。Stanley 及其同事[1] 列出了喉麻痹患犬存在食管功能障碍的证据，并建议在喉麻痹患犬进行手术前做 X 线检查，以确定有无吸入性肺炎

风险。并发性食管疾病会增加杓状软骨固定术（专为打开声门裂）后发生吸入性肺炎的风险。

可根据需要用丙泊酚深度麻醉后对喉部进行检查来确诊喉麻痹。小角突水肿、声带松弛，以及吸气过程中杓状软骨外展不足是诊断喉麻痹的标准。喉部检查时，可静脉注射 1mg/mL 的盐酸多沙普仑来刺激呼吸深度和增加杓状软骨外展幅度[2]。

喉麻痹患犬可表现出急性或慢性上呼吸道阻塞。对表现出急性气道阻塞的患犬进行临床评估时应先从动物主人处获取详细病史，因为通常会存在更为微妙的气道疾病症状，如动物过去出现叫声改变或运动不耐受。在炎热天气、兴奋状态或运动量增加后，患犬会表现出与喉麻痹明显有关的症状。急症患犬通常会表现出中暑，并需要急救。镇静和氧疗较为合适，可有助于这些犬冷静下来，并有助于通气。在某些难治病例可能需要给予皮质激素类药物（如地塞米松）及标准药物治疗。如果采取这些措施后吸气性呼吸困难没有改善，那么可能就需要气管插管进行全身麻醉或进行暂时性气管造口术。全身麻醉和气管插管 1h 可为患犬提供更多氧气，改善通气，并有助于降低体温。1h 后，患犬病情通常会有所稳定并可以拔管。暂时性气管造口术可提供上呼吸道阻塞旁路，并可允许将患犬紧急转至有经验的外科医师处进行治疗。但还应指出，需要进行暂时性气管造口术的患犬在手术纠正喉麻痹

后所面临的吸入性肺炎风险会有所增加[3]。畸形上呼吸道阻塞会导致肺水肿。急性肺水肿应进行给氧治疗，并经静脉给予利尿剂，如呋塞米（2～4mg/kg）。

当患病动物生活质量受喉麻痹严重影响时，则可进行手术。如果患病动物描述称患病动物运动耐受水平大幅下降，或少量运动后就出现呼吸困难，就需要进行手术了。

8.2 手术治疗方法

喉麻痹需要进行手术干预以降低气道阻力，并改善通过喉部的气流。已报道有多种旨在开放声门裂的手术技术，每种手术的治疗效果各有不同。部分杓状软骨切除术同时进行或不进行喉室声带切除术、单侧杓状软骨固定术及永久性气管造口术为当前治疗喉麻痹最常用的手术技术。单侧杓状软骨固定术目前被认为是治疗喉麻痹的黄金标准手术。已经表明，该手术可提供稳定的良好疗效，且动物主人对此满意度较高。由于双侧杓状软骨固定术可能会导致高风险的吸入性肺炎及高死亡率，因此目前不推荐进行该手术[3]。

8.2.1 部分杓状软骨切除术

可经口途径或腹侧喉切开术进行部分杓状软骨切除术加喉室声带切除术。该手术的目标在于通过清除声门裂周围的组织以缓解气道阻塞。

8.2.1.1 经口入路

诱导全身麻醉后，将犬置俯卧位，用开口器保持口部张开。悬起犬头部，并将舌向前拉出。用韧性牵开器向上提起软腭以便看到咽部。推荐使用长柄手术器械，因为在手术过程中长柄手术器械不会妨碍视线。用杯活检钳清除小角突，此外也可用手术刀片部分切除小角突。还需切除一条声带。严重的病例还可在双侧进行该手术。在这种情况下，应保留声带腹侧部分以防蹼状瘢痕组织跨越声门裂。在术后早期，该手术可引发严重的喉部炎症，因此，如果有必要，在进行该手术前应准备好行暂时性气管造口术。

该技术可在短期内提高 80% 的通气量[4]，另有一项研究表明[4]，长期疗效也令人满意。据报道，5 年存活率可达60%[3]。据报道，6% ~ 53% 的行杓状软骨切除术病例会发生吸入性肺炎、持久性咳嗽、呼吸音增大和运动不耐受[5]。另据报道，18% 的病例会出现持久性呼吸受损[6]。

8.2.1.2 腹侧入路

腹侧喉切除术为杓状软骨切除术及喉室声带切除术的首选方法。采用经口入路，行声带切除术后，需要二期手术来修复喉黏膜缺损，这会导致产生大量瘢痕组织，从而最终再次阻塞气道。高达 14% 的病例由于残余声带长出的瘢痕组织导致喉蹼[7]。声带切除术导致的黏膜缺损可将腹侧喉切开术进行缝合，这会以较低黏膜蹼

的风险促使黏膜初级愈合[8]。

患犬仰卧保定，于喉部腹侧做一切口。应考虑选择小口径气管内插管，以降低对视线的干扰，并缝合黏膜缺损。分离胸骨舌骨肌并牵开。使用 11 号刀片于中线处切开杓状软骨膜和甲状软骨。保持颅侧部分甲状软骨不动。使用小型 Gelpi 牵开器保持喉部张开以便暴露。用组织解剖剪剪掉单侧或双侧小角突及楔状突[9]。此外还要切除声带，牵起喉囊黏膜，并用 5-0 或 6-0 号单股可吸收缝合线采用连续缝合法将其缝合至喉黏膜切缘（**图 8.1**）。然后用单纯间断缝合法缝合喉头。在一项涉及 88 只喉麻痹患犬的研究中，有 93% 的病例长期疗效令人满意[9]。在该研究期间，有 7% 的病例出现了吸入性肺炎[9]。

8.2.2 单侧杓状软骨固定术

单侧杓状软骨固定术是治疗喉麻痹最常用的手术方法。最初，该手术为双侧进行，但这会因吸入性肺炎导致高死亡率[3]。该手术的目的在于外展一块杓状软骨以开放声门裂并缓解气道阻塞。如果外展幅度太大，那么会厌无法完全盖住声门裂，就会发生吸入性肺炎（**图 8.2**）。目的是优化杓状软骨的外展幅度，而不会因过度外展导致吸入性肺炎增加。

可在犬仰卧状态下经腹部中线法进行手术，但目前大多数外科医师会选用侧卧位。腹侧入路主要用于双侧固定时，因为

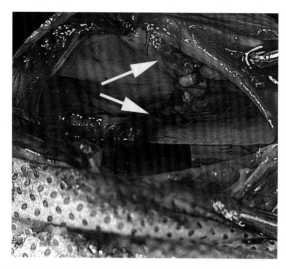

图 8.1   行喉室声带切除术，采用简单连续缝合喉小囊黏膜（白色箭头所示）以覆盖切除声带后的缺损

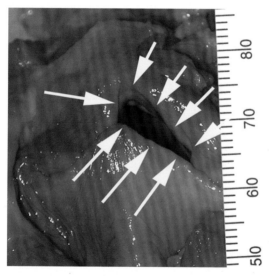

图 8.2   行单侧杓状软骨固定术后，杓状软骨过度外展可见声门裂的犬尸体照片。白色箭头所示为杓状软骨右侧固定术后未被覆盖的声门裂表面积，该开口会增加发生吸入性肺炎的风险

采用腹侧入路可以很好地看到双侧喉头。但由于单侧建议单侧固定，因此多使用外侧入路。根据外科医师喜好，既可在左侧也可在右侧进行该手术。惯用右手的外科医师通常于动物左侧进行手术，因为这样在固定杓状软骨结构时可以很容易地向前进针。

将犬置于侧卧位后，将一毛巾卷置

于犬颈部之下，使犬颈部向术者拱起。于甲状软骨区上方向舌面静脉腹侧做一皮肤切口。锐性剥离颈阔肌后，可见到腮腺耳甲肌前侧缘。继续向颅侧剥离该肌肉，穿过脂肪，直至暴露甲咽肌。然后就可以触到甲状软骨背侧缘，并向外侧旋转。沿甲状软骨背侧缘切开甲咽肌后，穿过甲状软骨进行间断缝合（**图 8.3**）。这样可使甲状软骨向外侧旋转，以便可以向后侧切开甲咽肌。保持环甲关节完整，不需使其脱节。可以触摸到杓状软骨的肌突，然后紧贴杓状软骨肌突的后侧切开环杓背肌。该肌肉外观可能非常正常，也可能出现严重萎缩。采用电凝法切口，以最大限度减少肌肉切缘出血。切开环杓关节后侧面，切口应足够宽以便能够看到环状软骨的关节面。采用 2-0 号加长可吸收或不可吸收单

股缝合线沿环状软骨后背侧缘缝合，以模仿环杓背肌附着状态。在环状软骨后侧缘可放置一按捏镊夹于气管插管以防被缝合住。缝合线不要太靠近背侧以免损伤食管，这一点非常重要。笔者更喜欢以前 – 腹向进针穿过环状软骨，紧贴环杓关节关节囊后侧出针。缝合时穿过杓状软骨肌突，然后打结，以外展杓状软骨。由于缝合是沿环杓关节后缘出针，因此有助于在缝合拉紧时限制杓状软骨过度外展的风险。然后用 4-0 号可吸收单股缝线以单纯连续缝合法缝合甲咽肌。于手术部位注射布比卡因（1mg/kg）做线性封闭或滴溅封闭。采用常规缝合法缝合皮下组织及皮肤。

　　某些外科医师不是按前文所述沿环状软骨周围进行缝合，而是穿过甲状软骨进行缝合[10]，有人认为这种缝合方式会将杓

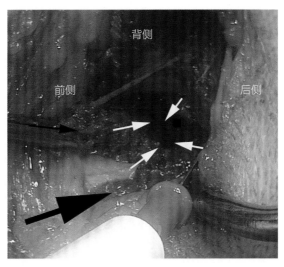

图 8.3　从颈静脉腹侧做一皮肤切口，并分离颈阔肌，即可暴露甲咽肌。在本图中，已向腹侧切开甲状软骨背侧缘（大黑箭头所示），并向前侧牵拉（小黑箭头所示），以开放环杓关节（白色箭头所示）。可见笔者首选的结束缝合部位，应紧贴环杓关节后侧出针（黑色方块所示）

状软骨向更外侧牵拉。已表明这是一种比沿环状软骨周围缝合更为快速的方法[11]，但与环状软骨缝合法相比，穿过甲状软骨进行缝合会导致声门裂表面稍增大[11]。有学者对两次侧面缝合（一次穿过甲状软骨，另一次穿过环状软骨）进行了评估[12]。一项随机临床试验表明，缝合两次没有益处，因为这样做并不会增大声门裂的表面积。另外，在小肌肉突上缝合两次，如果不仔细看好下针位置，会增大肌肉断裂的风险。笔者更愿意仅绕环状软骨缝合一次，因为这样会更紧密地再现环构背肌的解剖结构；另外，可以更好地控制构状软骨的外展幅度。缝合甲状软骨和构状软骨有可能会导致构状软骨向外侧移动，而不是向后侧移动。

于构状软骨肌突进行缝合会导致软骨骨折，因此从肌突最厚的部分进针非常重要。如果构状软骨骨折，通常建议放弃初始入路，并从另一侧进行手术。但以笔者经验来看，可通过褥式缝合修复软骨骨折来挽救手术。悬着双针 3-0 号单股非吸收性缝合线进行修复。沿环状软骨尾端背侧边缘使用单针进行一次缝合后，就可以在构状软骨肌突进行双针缝合。可使用涤纶纱布来加固缝合，以防软骨肌突撕裂。

构状软骨的张力及外展幅度能够提供充足的通气量，而不会造成声门裂密封不严，一直是最近几次研究的主题。所有用于治疗喉麻痹的技术均表明会增大声门裂表面积[13]。充分减少气道阻力的理想声门

裂表面积尚属未知。由于气道阻力与声门裂半径的四次方成反比，因此，可能不必完全外展构状软骨以大幅降低气道阻力并取得临床改善[14]。据推测，由于会厌无法完全盖住声门裂，构状软骨过度外展会增加吸入性肺炎的风险[15]。目前，已经开始提倡在手术过程中进行可视化以达成适度外展[16]。这要求在手术过程中对患病动物进行插管，以及喉镜和内镜用于喉部可视化。在使用内镜时，可由外科医师在看着监视器的同时调整外展幅度。已有研究表明，施加于缝合处的张力会影响声门裂的表面积[15]。但充分外展构状软骨所需的缝合张力力度是主观确定的。在一项研究中，已有学者使用张力计来帮助确定最佳缝合张力，但在临床中并不是很实用[17]。对犬尸体进行的一项研究中，Gauthier 和 Monnet[18]证明了环状软骨缝合过程中的最佳进针位置为环构关节后侧。环状软骨处的出针标记会导致吸气阶段起到阻力大幅下降，同时在会厌闭合时，不会在声门裂和会厌之间产生间隙。利用该解剖标记，以这种缝合法缝合环状软骨和构状软骨有助于消除缝合处的主观性[14]。与关节囊后侧结束缝合环状软骨会限制构状软骨的过度外展。笔者认为，这种技术会限制构状软骨肌突的缝合张力，这会降低软骨骨折或从缝合处撕脱，以及手术失败的风险。

一项研究对 67 只喉麻痹患犬行双侧构状软骨固定术及声带切除术[19]，其中 19 只患犬因声门裂狭窄导致再次出现临

床症状，另有 3 只患犬出现了吸入性肺炎。一部分患犬不得不行杓状软骨切除术以解决声门裂狭窄造成的喉部狭窄问题。

为最大限度减少软组织损伤、保护环咽肌及喉固有神经分支，有研究对杓状软骨固定术较小侵入性入路进行了描述[20]。该入路旨在最大限度减少甲咽肌及环咽肌功能损伤，在该研究中吸入性肺炎发生率为 18%，与标准单侧固定法的发生率类似[3, 20]。Bahr 及其同事[21]对行喉室声带切除术和单侧固定术喉麻痹患犬的治疗结果进行了比较。结果表明，与行单侧固定术患犬相比，行喉室声带切除术患犬出现慢性呼吸窘迫相关并发症的时间较长[21]。因此，采用一次缝合的单侧固定术被认为是目前治疗喉麻痹患犬最常用的手术。

与单侧杓状软骨固定术有关的并发症包括：血清肿、感染、吸入性肺炎、持久性咳嗽和临床症状复发。临床症状复发通常是由杓状软骨骨折或术后缝合撕脱造成的。术后前 2～3 周固定失败的风险最高。尚未确定行单侧杓状软骨固定术后的饲喂建议，对于犬，术后可以饲喂常规日粮。

截至目前，病例报告中行单侧杓状软骨固定术后吸入性肺炎的发生率为 8%～21%[22]。缝合方式以及杓状软骨外展幅度很可能会影响术后发生吸入性肺炎的风险[15]。发生吸入性肺炎的其他风险因素包括：术前及术后食管扩张、暂时性气管造口术和术前患有肺炎[3]。喉麻痹患犬存在可诱导食管功能障碍的特发性多发性

神经病[1]。在行喉修补术后 1 年内，全身性神经病可能会进一步加重，且已证明这会影响长期预后[1]。但不同研究间多发性神经病加重情况可能存在差异。在一项包括经单侧杓状软骨固定术治疗的 140 只喉麻痹患犬的研究中，5 年存活率为 70%[3]。

8.2.3 永久性气管造口术

永久性气管造口术是一项专用于食管扩张及存在返流症状患犬的手术，由于该手术完全绕过上呼吸道阻塞，因此可提供足够的通气量。

8.2.3.1 手术技术

患病动物仰卧保定，与气管上方喉后侧做一纵向皮肤切口。从中间分离胸骨舌骨肌后，即可暴露气管。可将胸骨舌骨肌向背侧缝合至气管，以更好地暴露气管，并降低气管黏膜皮肤缝合时的张力。气管窗口长度为 3～4 个气管环，宽为气管直径的 1/3。应移除气管软骨环片段，但不要损伤下层气管黏膜。然后切开气管黏膜，并用 4-0 号单股不可吸收性缝合线缝合至皮肤。让皮肤与气管黏膜对位良好以防造成狭窄，这一点非常重要。通常选择简单间断缝合来提供最佳的黏膜－皮肤对位。

8.2.3.2 并发症

与暂时性气管造口术有关的并发症包括：慢性呼吸道感染、吸入异物、洗澡或游泳时吸入水，以及出现气管黏膜慢性分泌物。

8.3 小结

　　表现出明显呼吸窘迫症状的喉麻痹患犬均适合接受手术。单侧杓状软骨固定术似乎可提供最可预见的长期结果。从长期来看，预计手术会显著改善患犬的生活质量。术后，患犬存在发生吸入性肺炎的风险。

参考文献

[1] Stanley BJ, Hauptman JG, Fritz MC, et al. Esophageal dysfunction in dogs with idiopathic laryngeal paralysis: a controlled cohort study. Vet Surg 2010; 39: 139–149.

[2] Tobias KM, Jackson AM, Harvey RC. Effects of doxapram HCl on laryngeal function of normal dogs and dogs with naturally occurring laryngeal paralysis. Vet Anaesth Analg 2004; 31: 258–263.

[3] MacPhail CM, Monnet E. Outcome of and postoperative complications in dogs undergoing surgical treatment of laryngeal paralysis: 140 cases (1985-1998). J Am Vet Med Assoc 2001; 218: 1949–1956.

[4] Holt D, Harvey C. Idiopathic laryngeal paralysis—results of treatment by bilateral vocal fold resection in 40 dogs. J Am Anim Hosp Assoc 1994; 30: 389–395.

[5] Harvey CE. Upper airway obstruction surgery. 4. Partial laryngectomy in brachycephalic dogs. J Am Anim Hosp Assoc 1982; 18: 548–550.

[6] Ross JT, Matthiesen DT, Noone KE, et al. Complications and long-term results after partial laryngectomy for the treatment of idiopathic laryngeal paralysis in 45 dogs. Vet Surg 1991; 20: 169–173.

[7] Holt D, Harvey C. Glottic stenosis secondary to vocal fold resection—results of scar removal and corticosteroid treatment in 9 dogs. J Am Anim Hosp Assoc 1994; 30: 396–400.

[8] Mehl ML, Kyles AE, Pypendop BH, et al. Outcome of laryngeal web resection with mucosal apposition for treatment of airway obstruction in dogs: 15 cases (1992–2006). J Am Vet Med Assoc 2008; 233: 738–742.

[9] Zikes C, McCarthy T. Bilateral ventriculocordectomy via ventral laryngotomy for idiopathic laryngeal paralysis in 88 dogs. J Am Anim Hosp Assoc 2012; 48: 234–244.

[10] White RAS. Unilateral aytenoid lateralisation: an assessment of technique and long term results in 62 dogs with laryngeal paralysis. J Small Anim Pract 1989; 30: 543–549.

[11] Griffiths LG, Sullivan M, Reid SW. A comparison of the effects of unilateral thyroarytenoid lateralization versus cricoarytenoid laryngoplasty on the area of the rima glottidis and clinical outcome in dogs with laryngeal paralysis. Vet Surg 2001; 30: 359–365.

[12] Demetriou JL, Kirby BM. The effect of

two modifications of unilateral arytenoid lateralization on rima glottidis area in dogs. Vet Surg 2003；32：62–68.

[13] Harvey CE. Partial laryngectomy in the dog. 2. Immediate increase in glottic area obtained compared with other laryngeal procedures. Vet Surg 1983；12：197–201.

[14] Greenberg MJ，Bureau S，Monnet E. Effects of suture tension during unilateral cricoarytenoid lateralization on canine laryngeal resistance in vitro. Vet Surg 2007；
36：526–532.

[15] Bureau S，Monnet E. Effects of suture tension and surgical approach during unilateral arytenoid lateralization on the rima glottidis in the canine larynx. Vet Surg 2002；31：589–595.

[16] Weinstein J，Weisman D. Intraoperative evaluation of the larynx following unilateral arytenoid lateralization for acquired idiopathic laryngeal paralysis in dogs. J Am Anim Hosp Assoc 2010；46：241–248.

[17] Wignall JR，Baines SJ. Effects of unilateral arytenoid lateralization technique and suture tension on airway pressure in the larynx of canine cadavers. Am J Vet Res 2012；73：917–924.

[18] Gauthier CM，Monnet E. In vitro evaluation of anatomic landmarks for the placement of suture to achieve effective arytenoid cartilage abduction by means of unilateral cricoarytenoid lateralization in dogs. Am J Vet Res 2014；75：602–606.

[19] Schofield DM，Norris J，Sadanaga KK. Bilateral thyroarytenoid cartilage lateralization and vocal fold excision with mucosoplasty for treatment of idiopathic laryngeal paralysis：67 dogs（1998-2005）. Vet Surg 2007；36：519–525.

[20] von Pfeil DJ，Edwards MRI，Dejardin LM. Less invasive unilateral arytenoid lateralization：a modified technique for treatment of idiopathic laryngeal paralysis in dogs：technique description and outcome. Vet Surg 2014；43：704–711.

[21] Bahr KL，Howe L，Jessen C，et al. Outcome of 45 dogs with laryngeal paralysis treated by unilateral arytenoid lateralization or bilateral ventriculocordectomy. J Am Anim Hosp Assoc 2014；50：264–272.

[22] White RAS. Arytenoid lateralization：an assessment of technique，complications and long-term results in 62 dogs with laryngeal paralysis. Vet Surg 1989；18：72.

9 鼻腔与鼻窦的手术入路

Alyssa Marie Weeden，DVM，Daniel Alvin Degner，DVM

关键词　鼻腔；鼻窦；鼻甲；CT；鼻切开术；黏膜骨膜；肿瘤

要　点 ● 头部 CT 图像为初步评估鼻腔疾病的最佳诊断方法；

　　　 ● 大多数犬鼻腔肿瘤都具有局部侵袭性，后期会发生转移；

　　　 ● 大多采用放疗治疗鼻腔肿瘤，但对于某些病例，辅助手术也有
　　　　 一定帮助；

　　　 ● 鼻腔腹侧入路为鼻腔和鼻咽病变提供了极佳的手术通路。

　　鼻腔是呼吸道的第一部分，始于鼻孔，终于鼻甲。鼻咽从鼻甲延伸至内咽口，紧靠咽部前侧。

　　在大多数犬种头部，鼻旁窦或额窦可向后延伸很远。但短头犬种例外，如波士顿狸、斗牛犬、巴哥犬、西施犬、拳狮犬和北京犬，这对额窦有很大影响，不会向头部后侧延伸很远（**图 9.1**）。额窦由 3 个腔室组成：① 大后腔；② 小前腔；③ 内腔。后者通过一个开口向鼻腔后背侧引流。额窦底面延伸至嗅球和大脑额叶前侧部分。基于这一重要原因，必须避免使用刮勺、电钻和气体器械穿透该部分额窦。

　　上颌窦较小，且只有在后上颌前臼齿存在脓肿时才会出现。上颌窦或隐窝是鼻腔的一个外侧憩室，其开口位于第四上前臼齿牙根处（**图 9.2**）。

　　鼻腔由膜性、骨性及软骨性鼻中隔沿正中矢状面分开。鼻甲（也称为鼻甲骨）为鼻腔（对吸入的空气进行净化和加湿）的卷形骨（**图 9.3**）。背侧、腹侧及筛鼻甲构成了鼻腔的大部分。背侧及腹侧鼻甲附着于筛骨、鼻骨和上颌骨。筛鼻甲仅附着于筛骨，这构成了颅顶的前侧面。眼部内眦大约位于筛鼻甲水平处。鼻甲内衬血管

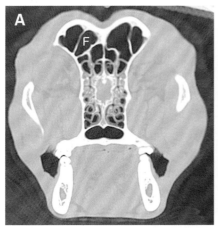
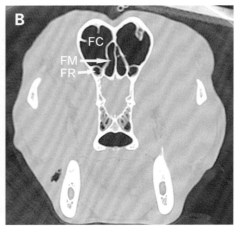

图 9.1 3 岁雌性绝育洛特维勒牧犬。A. 正常额窦解剖结构的横断面 CT 图像，额窦部位由字母 F 表示；B. 额窦部位由 FR、FC 和 FM 表示，分别指代后腔、前腔和内腔。与 B 图相比，A 图更为靠前

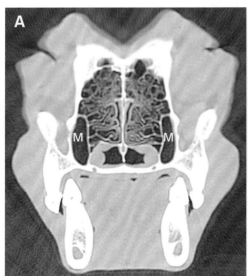
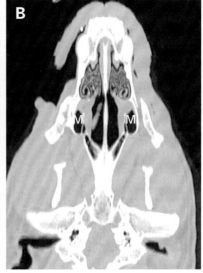

图 9.2 3 岁雌性绝育洛特维勒牧犬。A. 正常犬上颌窦解剖结构的横断面 CT 图像；B. 正常犬上颌窦解剖结构的背侧冠状面 CT 图像；上颌窦部位由字母 M 表示

黏膜极为丰富，因此，在进行鼻甲切除术或鼻腔活检时通常会大量出血。

鼻腔的血液供应主要来自上颌动脉，这是颈外动脉的延伸。上颌动脉分支进入眶下动脉（灌注鼻腔外的组织）、蝶腭动脉和主要耳动脉（灌注腭及鼻腔内的鼻甲）。主腭动脉向大部分硬腭提供血液，次腭动脉灌注硬腭后侧面。筛鼻甲也由筛内动脉灌注，筛内动脉经筛板穿过颅顶前侧面。静脉引流与动脉供血平行，但静脉外

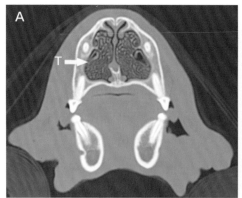
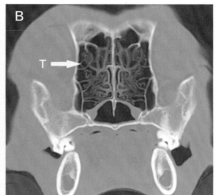
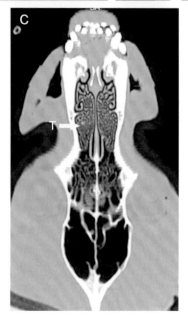

图 9.3 A、B. 3 岁雌性未绝育洛特维勒牧犬的正常鼻甲解剖结构；C. 5 岁雌性绝育洛特维勒牧犬，正常解剖结构的背侧冠状面 CT 图像，字母 T 表示鼻甲

引流则是经过面静脉分支。

三叉神经分为 3 个独立的分支：①眼神经；②上颌神经；③下颌神经。如前文所述，上颌神经与上颌动脉平行。上颌神经的进一步分支提供鼻黏膜、上颌牙根和腺体的神经支配功能。面神经（可分为多个分支）主要负责头部浅表肌肉和颈部某些肌肉的运动神经支配。

上颌骨、颌前骨、鼻骨、额骨、蝶骨和腭骨构成了鼻腔的主要结构 [1, 2]。

9.1 鼻腔鼻窦病变活检

通过鼻孔可以很容易地评估鼻腔内

病变。用硬式内镜观察病变，然后使用经内镜套管操作通道操作的内镜钳采集活检样品。采用这种方法只能采集较小的活检样品，且可能会采集到不具诊断性的样品。因此，可使用杯活检钳来通过盲目抓取组织样品来获取较大的组织样品。应根据 CT 图像来确定活检钳插入鼻腔的深度。如果肿瘤已侵入鼻腔背侧或外侧壁，可于插入部位做一小切口，并采集组织样品。如果肿瘤位于额窦内，仅有边缘延伸入鼻腔内，那么可进行额窦圆锯术，然后再用杯状活检钳来采集组织样品。如果肿瘤位于鼻腔后侧，可借助可向鼻咽内后屈的柔性内镜来采集组织样品。

9.2 鼻腔和额窦内病变的治疗

　　犬和猫的大多数鼻腔肿瘤均为恶性，且具有局部侵袭性（**图 9.4，A–C**）[3, 4]。癌（包括腺癌和鳞状细胞癌）和肉瘤（包括软骨肉瘤、纤维肉瘤、骨肉瘤和未分化肉瘤）是最常见的鼻肿瘤[5]。其中，鼻腔腺瘤是截至目前最常见的肿瘤。某些鼻和额窦病变可采用手术方法来加以矫正。之前，手术切除或减积所有鼻内肿瘤以及辅助放疗为首选治疗方法[6]。兆伏级放疗（线性加速器或钴源）已成为治疗鼻肿瘤的主要非手术方法[5, 7]。最近有研究表明，手术切除鼻腔生长物后再进行化疗，可延长某些鼻肿瘤患犬的无病间隔期[8]。仅使

用化疗药剂的疗法并不常用，因此该疗法的真实作用尚未确定[5]。其他必须使用手术探查的鼻腔病变包括：异物和通过内镜无法安全清除的切口感染[9]。

　　鼻腔和鼻窦的真菌疾病还会引发与鼻腔肿瘤类似的症状。真菌性鼻咽的独特之处在于真菌毒素产生的毒素会导致鼻平面褪色。真菌（如曲霉菌属、不常见的青霉菌属或罕见的鼻孢子虫属）通常会破坏鼻甲，导致鼻腔内出现空洞（**图 9.4，D**）。治疗包括局部注射克霉唑溶液，然后对每个额窦行环锯术，并经环锯孔挤入克霉唑乳膏。于额窦上方中心沿中线做一皮肤切口（根据 CT 图像），并将皮肤移至左额窦中心（在头部正常的犬，处于眶外韧带处）。将 2.7mm 钻头置于电钻内，并于卡盘处卡住，以便使其从 2.7mm 钻套末端伸出 5mm，从而最大限度减小穿透入脑的风险。于右额窦重复该过程。将一个 8F 红橡胶插管（切去末端）插入左环锯孔，并冲洗鼻窦腔，于右侧重复该过程。然后于每侧注入克霉唑乳膏。大多数犬对该疗法反应良好，但对于完全没有反应的犬需要进行第二次治疗。

　　后鼻孔和鼻咽部的病变包括：侵袭性肿瘤（如腺癌、软骨肉瘤、鳞状细胞癌和淋巴瘤）、鼻咽息肉、异物、鼻咽狭窄，以及短头犬种的阻塞性鼻甲异常。可通过向前牵拉软腭来暴露鼻腔息肉并加以切除。对于较为靠前的息肉，通过软腭前侧和硬腭后侧的中线腹侧入路通常可以提供极佳

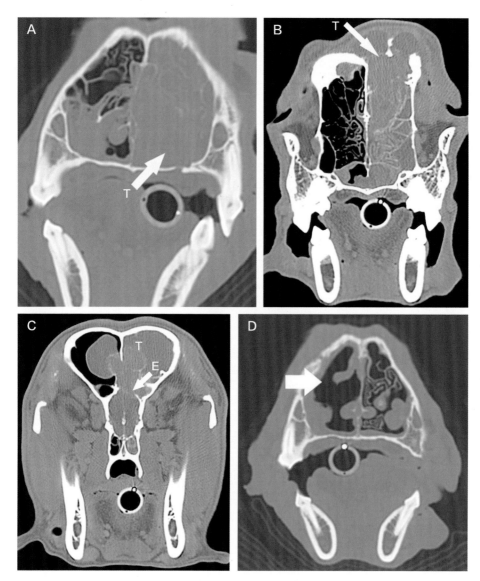

图 9.4 A. 7 岁雄性去势杂种犬鼻窦肿瘤。骨重建横断面 CT 图像，右侧鼻腔几乎完全充满软组织肿块（箭头所示），且无鼻甲。该犬被诊断为局部侵袭性鼻腺癌；B. 9 岁雌性绝育金毛寻回猎犬横断面图像。右侧鼻腔完全充满软组织不透明物；C. 腺癌侵入前脑及额窦，如箭头所示。未进行进一步诊断以进行确诊；D. 5 岁雌性绝育杂种犬真菌性鼻炎。双侧鼻甲受损，如箭头所示，与右侧相比，左侧受损情况更为严重。经进一步诊断，确诊病原体为曲霉菌

的视野（**图 9.5**）。于该部位进行侵入性清创术会导致该部位预后出现狭窄。对于异物，如果无法通过柔性内镜加以清除，

则可以通过类似的方法加以清除。通常采用内镜下探条扩张术通过微创技术来治疗鼻咽狭窄，还可能需要置入支架（见本

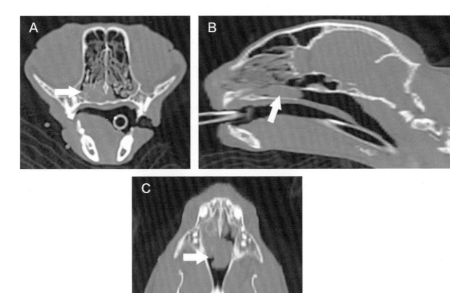

图 9.5 15 岁雌性绝育中毛家猫 CT 图像，右侧可见腹侧鼻腔息肉（箭头所示），A. 横断面；B. 矢状面；C. 背平面图像切除后经组织病理学确认为炎性息肉

书 6 鼻咽狭窄的诊断与治疗）。对于在短头犬种所见到的阻塞性鼻咽鼻甲通常采用激光经内镜切除，但也可经患部腹侧入路进行手术清除。

9.3 患病动物于鼻手术前的准备

通过诊断性检测对患病动物进行全面身体检查，以排除其他全身性疾病，这些全身性疾病会增加手术时的发病率和死亡率。全面术前检查应包括全血细胞计数、血清生化、尿检、凝血 [凝血酶原时间 / 部分促凝血酶原激酶时间和活化凝血时间（Activated clotting time，ACT）]、全身血压、心电图、血氧定量，以及可疑犬种的血管假性血友病因子。应采用多种成像方法来确定发病程度并制订适当的手术计划。当肿瘤被列为主要鉴别诊断时，需要拍摄 3 个体位（左侧位、右侧位和腹背位）的胸部 X 线片和胸部 CT 图像，以便对患病动物进行评估。CT 是评估鼻腔疾病发病程度及特点的极佳成像方法，有助于外科医师为患病动物量身定制手术计划。MRI 也是有助于鼻肿瘤、真菌性疾病和潜在异物诊断的极佳成像方法。在确定猫和犬鼻内肿瘤时，CT 和 MRI 的作用类似[10]。外科医师应慎重决定选用哪种高级成像法。在确定鼻疾病类型或严重程度时，鼻部 X 线检查的诊断率较低，且通常对手术决策无价值。

通过身体检查和诊断性检测评估的水合状况有助于确定对于因鼻疾病而变得虚弱的患病动物，在术前是否需要静脉输液治疗。但大多数患病动物并不存在这一复杂因素。

虽然鼻腔手术可能会导致大量出血，但最大限度减少出血量至关重要。在手术期间，可通过电凝法、指压和加有肾上腺素的冰生理盐水（1∶100000）来控制出血[11, 12]。最大限度减少鼻腔出血的最佳方法是加快手术速度，切除鼻甲和肿瘤后，出血会大幅减缓，如有需要，可用无菌生理盐水浸泡的海绵塞住鼻腔；另一种止血方法为术前暂时闭合颈动脉，这可减少鼻腔手术中的出血量，且可安全使用 2～3h 以上[12, 13]。当闭合颈总动脉后，大脑仍可通过椎动脉由基底动脉进行充分灌注。对猫不推荐此法，因为猫脑部的循环系统主要依靠颈总动脉，且基底动脉系统可能会发育不全。手术期间低血压也会

导致颈动脉闭合的动物脑部灌注不足，这会导致术后神经系统症状更为严重。

为进行暂时性颈动脉闭合，应于颈部腹侧从喉部至胸骨柄处做一切口，并切开颈阔肌。于颈中线通过钝性或锐性解剖剥离胸骨舌骨肌。该手术期间千万不能损伤的关键结构包括：气管、喉返神经（位于气管背外侧）、食管（位于气管左背外侧）和迷走神经干。为安全保护迷走神经干，应使用优质剪刀切开每个颈动脉鞘，且应从总颈动脉处分离神经。可用 Rummel 止血带（由一股脐带胶带组成）闭合颈总动脉。将胶带穿过约 76.2mm（3 英寸）长、直径适当的红色橡胶插管。此外，还可用适当大小的血管夹来闭合颈动脉，如微血管夹或斗牛犬血管夹[9, 11, 13-15]。一旦完成鼻腔手术，即可移除血管夹并闭合颈部切口。大多数外科医师在手术期间并不会闭合颈动脉，仅用于特定病例（如预计出血较严重、患有边缘性贫血的动物、患及脑部，以及由于手术较精密而导致手术时间延长）[13]。

9.4　手术入路

暴露鼻腔和鼻窦有 4 种手术入路：背侧入路常用于暴露鼻腔和额窦；腹侧入路是暴露鼻腔和鼻咽部的手术入路；结合前外侧鼻切开术的入路虽然不常用，但可暴露鼻中隔区域；第 4 种入路可暴露鼻部后侧。

9.4.1 背侧入路

背侧入路对于暴露整个鼻腔及额窦非常有用，且可用于除鼻咽内病变的大多数鼻腔疾病（**图 9.6**）。将患病动物俯卧保定，无菌处理皮肤。用 10 号手术刀片从鼻窦后侧向紧邻鼻平面后侧的一点做一中线皮肤切口，然后切开皮下组织层。切开

时应注意（尤其是切开前侧组织时），要避开沿中线走向的静脉。用电凝法处理任何浅表性出血，切开骨膜，并用骨膜剥离器剥离从中线至额窦及上颌骨外侧的骨膜。使用 Gelpi 牵拉器或固定缝合来辅助暴露下层骨。为进入鼻腔，可行盖截骨术或移除该骨。于鼻腔和额窦（如果均需要探查）背侧面，采用矢状锯和薄壁锯

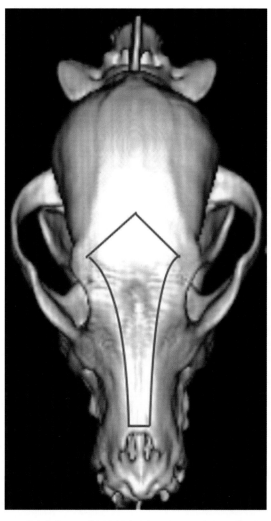

图 9.6　犬颅骨三维 CT 重建图像。行背侧鼻腔鼻窦切开术，红线表示截骨术、盖或切口界限

片通过斜角截骨术进行盖截骨术。截骨术的斜面有助于最大限度闭合背侧鼻切开术时降低盖落入鼻腔和额窦的风险。如果骨骼健康，可保存于经无菌生理盐水浸泡的海绵内，并于开始闭合时放回。鼻手术结束时，于骨盖前、中和后边缘各钻一个 1mm 的孔，然后用双股 26G 不锈钢钢丝固定周围骨及骨盖。然后采用聚二噁烷酮缝线（Polydioxanone suture，PDS）经单纯间断缝合将骨膜缝合于骨盖上。闭合皮下组织层，然后用外部或皮内缝合闭合皮肤。

更常见的是，采用两种方法之一于鼻背脊和额窦做一骨窗来进行鼻侧鼻切开术。使用配有 2~4mm 锉的风钻从欲行鼻切开术部位切除骨骼。切除时，应大量使用冷无菌生理盐水来最大限度降低相邻骨骼因高温发生坏死的风险。此外，可穿过鼻骨插入大号髓内针，然后用骨钳从背侧鼻腔和额窦处清除该骨。应避免鼻切开术延伸于鼻脊外侧面之上，因为这会导致面部变形。

背侧鼻切开术闭合包括采用 4-0 号聚二噁烷酮缝线于中线处缝合鼓膜。例行采用外部或皮内缝合闭合皮下组织层及皮肤[10]。

9.4.2 腹侧入路

腹侧入路对于鼻腔和鼻咽部非常有用，但采用该通路无法暴露额窦。该入路的优点在于不会像背侧入路那样发生

皮下气肿并发症。腹侧入路可引发的常见并发症为永久性口鼻瘘，还会导致鼻腔慢性感染及随后产生的鼻分泌物。将患病动物仰卧保定，并用经稀释的葡萄糖酸氯己定（1∶40）或聚维酮碘溶液（1∶100）冲洗口腔。欲采用该入路，首先用 15 号或 11 号手术刀片沿硬腭中线黏膜骨膜处做一切口，然后使用骨膜剥离器剥离腭骨的组织。于中线任意一侧用固定缝合替代可造成外伤的 Gelpi 牵开器，以便更好地暴露下层骨骼。应小心谨慎以免损伤后侧及前侧的主要腭血管（当经位于第四上臼齿近内侧的前、后腭孔离开时）。充分剥离黏膜骨膜后，使用带锉风钻切除该骨（**图 9.7**），之后进行鼻内手术。采用加长可吸收缝线（如 4-0 生物合成线或聚二噁烷酮缝线）采用单纯连续缝合法或单纯间断缝合法缝合 1 或 2 层黏膜骨膜[11-14]。

9.4.3 结合前外侧鼻切开术的入路

可通过前侧入路切除影响前鼻中隔的肿瘤。我们认真选择了一些适用于该技术的病例用于 CT 或 MRI 研究。该技术仅限于较小的（< 1cm）鳞状细胞癌或其他可影响鼻中隔的局部或良性肿瘤。剥离鼻平面作为基于背侧的 U 形皮瓣，皮瓣通常为 5mm 厚，以最大限度降低穿透肿瘤的风险。然后于肿块侧做一外侧鼻切开术切口，并从鼻镜角延伸到鼻上颌切迹，随后横断背侧与腹侧顶骨软骨之间的上颌软骨，即

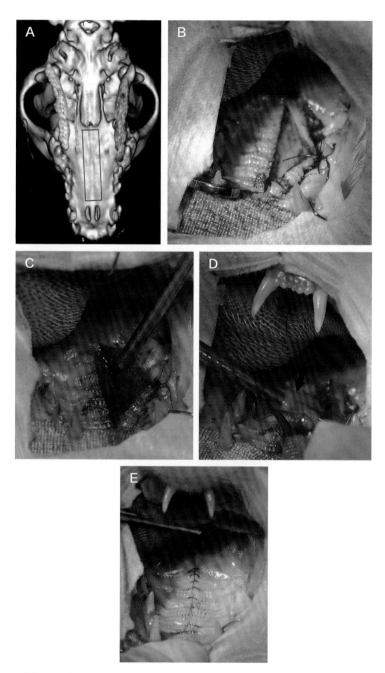

图 9.7　A. 犬颅骨三维 CT 重建腹侧视图。腹侧鼻切开术部位如矩形框所示；B. 15 岁雌性绝育短毛家猫（见**图 9.5** 本病例 CT 图像）；沿整个硬腭中线黏膜骨膜处做一切口，以充分暴露腭骨。该图片于术中拍摄，可见固定缝合剥离的黏膜骨膜皮瓣，从而可提供牵拉作用以便更好地暴露下层骨骼；C. 从硬腭剥离黏膜骨膜后，使用骨钳于腭骨做一骨窗以完成腹侧入路；D. 该图片于术中拍摄，可见息肉的摘除（箭头所示）；E. 单层缝合闭合黏膜骨膜。该图显示采用单纯间断缝合（隐藏打结）闭合黏膜骨膜。策略性地将缝合线置于硬腭黏膜皱襞的凹处

可暴露肿瘤并切除患病的鼻中隔。通过二次缝合使该部位愈合。分三层（黏膜/软骨层、黏膜下层和皮肤层）闭合外侧壁切开术开口；向腹侧采用单纯间断缝合闭合U形皮瓣[16, 17]。

9.4.4 鼻咽入路

该口内入路用于位于鼻咽部、软腭背侧的异物及需手术切除的肿块。该方法需将动物俯卧保定，并用开口器保持口部开张。此外，如果需要进一步暴露口咽部，可用骨凿或矢状锯分离下颌联合，并可切除舌外侧面的软组织。以笔者的经验来看，该入路并不常用[11, 18]。于软腭处从硬腭后侧面至紧靠软腭末端前侧一点做一全厚度切口。保留软腭末端部分完整可降低愈合期间切口裂开的发生率。于切口两侧做固定缝合拉开腭切口边缘。用可吸收缝合线（如4-0或5-0号聚二噁烷酮缝线或单乔）经间断缝合闭合切口。如果可能，需进行三层缝合：首先闭合鼻咽黏膜层，然后闭合肌肉层，最后闭合口腔黏膜层。为减少口腔内刺激，应隐藏打结。精细闭合对于克服腭肌产生的切口张力至关重要[9, 10]。

9.5 手术切除鼻肿瘤和病变鼻甲

有多种技术可用于切除鼻腔内容物。骨钳在抓持以及从鼻腔撕开鼻甲及相关肿瘤时非常有用。切除鼻肿瘤或鼻甲时应快速进行，因为该部位的手术会造成大量出血。由于切除了筛鼻甲，因此应特别注意该部位头盖骨较薄，在进行侵入性手术时，很容易会穿透头盖骨进入脑部。与通常延伸呈红色的鼻甲相比，正常筛鼻甲呈灰色。鼻腔底部后外侧存在大量的血管，这也是大量出血的来源，应避免损伤该部位。切除鼻甲后，应对鼻腔前侧面进行评估，以确保鼻孔呈开放状态。使用11号手术刀片于鼻甲和鼻中隔前界限处（软骨）横断，以确保无组织阻塞前呼吸道。还必须对进入鼻咽的开口进行评估，以确保无残余肿瘤或鼻甲组织阻塞该部位。如果发现残余肿瘤或鼻甲组织阻塞该部位，则需要使用弯止血钳来加以清除。大部分手术医师已不再将手术作为治疗恶性鼻肿瘤的主要方法，而是将放疗作为首选治疗方法。采用放疗或手术切除均可很好地治疗鼻腔纤维肉瘤[6, 19]。对于患有腺癌的动物而言，手术是否有益尚存疑问。

9.6 微创法

小型硬式内镜可用于观察鼻腔内容物。此外，还可使用二极管激光来切除鼻甲和肿瘤。硬式内镜直径通常为2.7mm，末端呈30°角。30°角内镜可看到鼻腔内各个角落，但对于鼻腔内大多数部位来说通常并不需要。可用1L加有25mL 2%利多卡因（按1∶100000比例加有肾上腺素）

的乳酸林格氏液冲洗鼻腔[11, 12]。该方法可减少出血，以及冲洗视野中的血液和碎屑，还可缓解手术中的疼痛。

9.7 并发症

刚刚完成手术后，应稍放低患病动物头部以防吸入血液和残余的冲洗液[20, 21]。继续监测患病动物有无咳嗽、缺氧、肺音改变，以及呼吸模式变化（因为某些潜在症状仅在吸气时出现）。许多存在指示吸入性肺炎症状的患病动物需做进一步诊断性检查和治疗。此外，还可能出现失血过多和贫血。可于后侧鼻腔放入纱布卷或脐带胶带，提供充分压迫以减少出血。另一种方法是使用涂有凡士林的纱布，这可减少粘连[20]。这些敷料可于术后继续放置24h，然后移除。如果术后贫血状况严重，则可能需要输血。鼻腔内可能会发生慢性继发性细菌感染，且需要间歇性抗生素治疗。另外，由于打破了鼻防御机制，可能会出现继发性真菌感染或真菌性过敏症，则需要用克霉唑乳膏进行治疗。头部或整个身体广泛性皮下气肿是一种很常见的术后并发症，是由打喷嚏时皮肤之下空气压力造成的。笔者发现，可通过于术后第1周在背侧鼻切开部位做一大的暂时性"气孔"消除这一并发症。如果动物基底动脉系统发育不全且术中采用

了暂时性颈动脉闭合，大脑可能会出现严重缺血性损伤，该并发症在猫中更为常见。如果在穿透筛鼻甲后如果损伤了大脑，还可见神经症状。如果患及筛鼻甲和脑膜，那么细菌性脑膜脑炎也是一种潜在的并发症。

9.8 术后护理

鼻内手术后和切除鼻甲后，必须鼓励患病动物进食。动物的味觉可能会受到影响，因此会导致食欲下降。应提供热乎乎且散发香味的食物以鼓励动物进食。可能有必要使用注射器注射喂食或行食管造口术或经内镜置入胃造口管提供营养支持。需要静脉输液1d或2d以保持正常水合并弥补由术中失血导致的体液流失。外鼻孔通常会出现血凝块和结痂，必须予以清除以保持气道通畅。如果与背侧鼻切开术处留有"气孔"，应清理该处的分泌物和血液，以确保术后第1周内保持开放。该孔会很快愈合，如有必要，可通过缝合或U形钉来闭合该"气孔"，但通常没有必要。术后第1周可见从外鼻孔流出浆液性分泌物，这是术后的正常现象。应连续2周给予对鼻腔内发现的细菌有效的广谱抗生素。如果进行了口内手术，应饲喂软质食物2周，直至切口愈合。愈合期间不得碰触咀嚼性玩具[9, 11, 14, 15]。

9.9 疗效

大多数病例的恶性肿瘤均会复发，临床症状会在术后 6～12 个月内再次出现[9, 11, 14, 15, 20]。与位于筛鼻甲处的肿瘤相比，比较靠前的肿瘤更适用放疗（关于猫鼻咽息肉的信息请参见本书文章4 犬、猫的耳、鼻咽及鼻息肉的治疗）。

参考文献

[1] Evans HE，editor. Miller's anatomy of the dog. 3rd edition. Philadelphia：Saunders；1993. 463–472.

[2] Evans HE，De Lahunta A. Guide to the dissection of the dog. 7th edition. Philadelphia：Saunders Elsevier；2010. 221–255.

[3] Madewell BR，Priester WA，Gillette EL，et al. Neoplasms of the nasal passages and paranasal sinuses in domesticated animals as reported by 13 veterinary colleges. Am J Vet Res 1976；37（7）：851–856.

[4] Ogilvie GK，LaRue SM. Canine and feline nasal and paranasal sinus tumors. Vet Clin North Am Small Anim Pract 1992；22（5）：1133–1144.

[5] Lana SE，Turek MM. Tumors of the respiratory system：nasosinal tumors. In：Withrow SJ，MacEwen EG，editors. Small animal clinical oncology. 5th edition. Philadelphia：Saunders；2013. 435–447.

[6] Adams WM，Withrow SJ，Walshaw R，et al. Radiotherapy of malignant nasal tumors in 67 dogs. J Am Vet Med Assoc 1987；191：311–315.

[7] Northrup NC，Etue SM，Ruslander DM，et al. Retrospective study of orthovoltage radiation therapy for nasal tumors in 42 dogs. J Vet Intern Med 2001；15（3）：183–189.

[8] Adams WM，Bjorling DE，McAnalty JE，et al. Outcome of accelerated radiotherapy followed by extenteration of the nasal cavity in dogs with intranasal neoplasia：53 cases（1990-2002）. J Am Vet Med Assoc 2005；227（6）：936–941.

[9] Birchard SJ. Surgical diseases of the nasal cavity and paranasal sinuses. Semin Vet Med Surg（Small Anim）1995；10（2）：77–86.

[10] Drees LR，Forrest LJ，Chappell R. Comparison of computed tomography and magnetic resonance imaging for the evaluation of canine intranasal neoplasia. J Small Anim Pract 2009；50（7）：334–340.

[11] Nelson WA. Nasal passages，sinus，and palate. In：Slatter D，editor. Textbook of small animal surgery，vol. 1，3rd edition. Philadelphia：Saunders；2003. p. 824–837.

[12] Bojrab MJ. Current techniques in small animal surgery. 3rd edition. Philadelphia：Lea & Febiger；1990. 321–326.

[13] Hedlund CS，Tangner CH，Elkins AD，et al. Temporary bilateral carotid artery occlusion during surgical explorations of

the nasal cavity in the dog. Vet Surg 1983；12（2）：83–86.

[14] Holmberg DL，Fries C，Cockshutt J. Ventral rhinotomy in the dog and cat. Vet Surg 1989；18（6）：446–449.

[15] Holmberg DL. Sequelae of ventral rhinotomy in dogs and cats with inflammatory and neoplastic nasal pathology：a retrospective study. Can Vet J 1996；37：483–485.

[16] Ter Haar G，Hampel R. Combined rostrolateral rhinotomy for removal of rostral nasal septum squamous cell carcinoma：long-term outcome in 10 dogs. Vet Surg 2015；44（7）：843–851.

[17] Pavletic MM. Nasal reconstruction techniques. In：Pavletic MM，editor. Atlas of small animal wound management and reconstructive surgery. 3rd edition. Ames（IA）：Wiley-Blackwell；2010. 573–602.

[18] Mouatt JG，Straw RC. Use of mandibular symphysiotomy to allow extensive caudal hemimaxillectomy in a dog. Aust Vet J 2002；80（5）：272–276.

[19] Sones E，Smith A，Schiles S，et al. Survival times for canine intranasal sarcomas treated with radiation therapy：86 cases （1996-2011）. Vet Radiol Ultrasound 2013；54（2）：194–201.732 Weeden & Degner

[20] Schmiedt CW，Creevy KE. Nasal planum，nasal cavity and sinuses. In：Tobias KM，Johnston SA，editors. Veterinary surgery：small animal. 1st edition. Philadelphia：Saunders；2012. 1702–1706.

[21] Malinowski C. Canine and feline nasal neoplasia. Clin Tech Small Anim Pract 2006；21：89–94.

10 鼻、鼻平面瘤的治疗与重建

Deanna R. Worley，DVM

关键词　鼻内病变；计算机断层扫描；鼻平面切除术；根治性平面切除术

要　点　● 大多数鼻内病变最好采用放射疗法进行治疗；

● 经静脉注入造影剂的 CT 图像对于制订治疗计划非常关键；

● 鼻 CT 图像最适用于评估筛板完整性以确定中枢神经系统是否已被肿瘤侵入；

● 鉴于宠物主人对其宠物术后面容外观变化的情绪反应，因此在进行鼻平面切除术或根治性平面切除术之前，医师和动物主人均应参与讨论；

● 认真选择病例，鼻平面切除术和根治性平面切除术可以局部治愈相关疾病。

10.1 诊断

无论是通过细胞学还是组织学来获得诊断，均可排除鼻及鼻平面的治疗性干预。就像眼睛被视为心灵的窗口那样，宠物的面部也是如此的。多种切除术均可用于切除鼻及鼻平面的肿瘤性病变，但很多手术也会导致毁容。

当犬表现出从鼻平面结痂和 / 或未愈合溃疡到鼻平面及鼻变形的临床症状，则应将鼻肿瘤纳入鉴别诊断清单。单侧或双侧鼻分泌物（无论是浆液性、黏液性，还是黏液脓性）或鼻出血在鼻内病变中很常见。鼻肿瘤导致的鼻泪管阻塞还可导致眼出现分泌物。对鼻部和面部直接进行触诊时，患病动物可能表现敏感性，或可触及骨缺损。在进行身体检查或保定期间，检查人员闭合犬口后，鼻内肿块造成鼻内阻塞的患犬可能表现出极其痛苦的症状。同样，由于某些犬无法适应张口呼吸（即使是在休息时），肿瘤阻塞鼻道会导致睡眠障碍，症状从躁动不安至睡眠中断。

可在进行身体检查时通过 3 种不同的试验确定鼻内阻塞，其中最可靠的方法就是玻片凝集试验。取一干净载玻片置于鼻孔下，正常情况下，会出现两个对称的水汽凝结痕迹。第二种方法是从棉球撕下一缕棉花于每个鼻孔前晃动，棉花会随呼气而摆动。第三种方法可能会使犬感到不适，检查人员将手指置于一侧鼻孔上，堵住一侧鼻孔通道，并检测未被堵住鼻孔的空气流动情况。

在对犬进行检查时，可采用切口楔形活检或经捏夹活检器械对鼻平面进行活检。由于鼻部血流供应充足，因此最好对活检部位进行缝合以控制出血。通常于高级成像检查后再进行鼻内活检，特别是颅骨对比 CT 或鼻镜检查时通过内镜成像[1]。内镜活检采集的样品较小，有时无法穿透足够深度来获取具有诊断代表性的样品。相反，从后鼻孔进行反曲内镜活检值得提倡，且创伤极轻微。对于鼻咽内的较大病变，使用卵巢牵引钩向前牵拉软腭可扩大视野以便进行切开活检。对经静脉注入（Intravenous，IV）造影剂的鼻部、头部进行计算机断层扫描（Computed tomographic，CT）成像，对潜在病变诊断和直接活检极有帮助。CT 图像中所见的鼻肿瘤相关具体特点包

括：单侧上颌骨溶解（背侧及外侧）、筛鼻甲，以及犁骨、眶板及上颌骨腹侧任意部位溶解[2]。

鼻 CT 图像最适用于评估筛板完整性并确定中枢神经系统（Central nervous system，CNS）是否已被肿瘤侵入。这一点非常值得注意，如果已被肿瘤侵入，要严禁经流体推进进行鼻内活检（**图 10.1**）。如果筛板完整，则流体推进活检技术是一种出血较少的活检方法，还会因移动和清除阻塞性肿瘤组织而使症状得到暂时性缓解[3]。通过该方法进行活检，需使用安全充气的气管插管来对患病动物进行麻醉。将鼻朝向腹侧，堵住一侧鼻孔，用一个 60mL 的导管头注射器或大的球形注射器塞住对侧鼻孔。然后将大量生理盐水强行冲入鼻内。被盐水冲下来的肿瘤样品和盐水会流经鼻咽，同时将收集盆置于张开口的下方经口收集样品。CT 图像对于针对性化疗计划的制订非常关键，也是引导鼻内活检获取最具代表性样品所必需的。由于创伤性鼻组织活检技术会导致大量出血，因此建议在术前进行测定血型、血细胞计数、凝集试验和血压筛查。创伤性鼻组织活检通常使用细管（通常为内套脊椎脊髓穿刺针的无菌针鞘）、骨刮匙或某类活检钳（子宫活检器械、喉杯钳、鳄鱼钳）。预先测定犬眼内眦距离后，首先经腹道将上述任意一种器械插入鼻内。器械顺行向后穿透，深度超过内眦距离时，有可能会损伤中枢神经系统。创

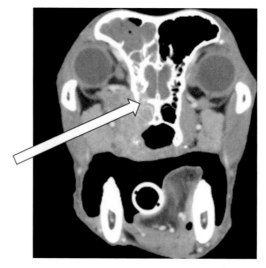

图 10.1　于 CT 图像所见到鼻腔鼻窦鳞状细胞癌，还可见局部筛板溶解（白色箭头所示）。未发现面部不对称

伤性鼻内活检后，鼻内会大量出血（采用流体推进法活检出血不太明显），但通常不需进一步处理即可止血，使用冰包也可予以缓解。

　　常见于猫的大多数鼻平面病变（特别是日光诱导的鳞状细胞癌）均为浅表性，且表现为结痂和未愈合的表层溃疡（**图 10.2**）。这些病变还可发生于耳郭、睑缘和耳与眼之间的区域。有时，印痕抹片即可得出细胞学诊断。较为可靠的诊断方法是用手术刀片或小型打孔活检器械进行切开活检。

图 10.2　猫鼻平面鳞状细胞癌的常见外观，特点为浅表性溃疡和结痂

10.2 临床治疗

10.2.1 鼻腔鼻窦癌：犬

　　大约 2/3 的犬鼻内肿瘤性病变均为癌。鼻腔鼻窦癌的治疗方法为单独使用放疗或与细胞减灭术联用 [据报道，存活时间为 7~47 个月，中值存活时间（Median survival time，MST）为 15 个月][4-11]。未接受治疗或仅接受姑息治疗的鼻癌患犬的中值存活时间为 3 个月，死亡或安乐死原因为渐进性局部疾病（一项报道显示，鼻出血与存活时间较短有关）[12]。同样，另一项回顾性研究表明，根治后犬死亡或被安乐死较常见原因为局部肿瘤复发及出现较少发生的转移性疾病 [13]。

10.2.2 鼻平面鳞状细胞癌：犬

　　犬鼻平面鳞状细胞癌往往比猫更具局部侵袭性，转移的发生率较低，会首先影响局部淋巴结 [14]。虽然大多数犬是因肿瘤复发导致的临床症状而被安乐死，尤其是在发生远距离转移前不完全切除局部肿瘤后，但仍可能会发生远距离转移 [14, 15]。对于犬鼻平面，虽然也可用其他疗效不太持久的疗法（如放疗），但通过局部大范围切除可更成功地治疗鳞状细胞癌 [15]。局部大范围切除后，也可局部治愈。犬鼻平面鳞状细胞癌的大范围切除的难点在于难以准确确定该病涉及的范围，因为即使在静脉

注射造影剂对比增强的 CT 图像也很难对此进行评估，尤其是在鼻甲水平处 [15, 16]。采用 PET CT 成像也许能够改进对该病发病范围的评估 [17]。放疗、吡罗昔康和卡铂在鼻平面鳞状细胞癌姑息疗法中起到了一定的作用 [14, 18, 19]。

10.2.3 淋巴瘤

　　鼻淋巴瘤是猫较为常见的鼻肿瘤[20]。猫其他常见鼻肿瘤包括：腺癌、鳞状细胞癌、未分化癌和纤维肉瘤[20]。对于犬，与减小肿瘤体积相比，放疗可有效治疗大多数鼻内肿瘤[21]。在一项研究中，对于接受 Ⅰ 期（单个结外肿瘤）鼻淋巴瘤放疗的患猫，其存活时间为 4~55 个月，包括完全缓解 [22]。在另一项研究中，无进展间隔中值为 31 个月 [23]。与鼻淋巴瘤并发的猫白血病病毒感染并不常见 [24]。

10.2.4 肥大细胞瘤

　　发生于口鼻部位的肥大细胞瘤要比发生于犬其他部位的肿瘤更具侵袭性 [13]。正常解剖制约会影响在该部位进行大范围局部切除，但未完全切除鼻部的肥大细胞瘤会对患病动物存活产生不利影响。由于发生于口鼻部位的肥大细胞瘤更具侵袭性，具有局部浸润的特点，且生物学高度分化的肥大细胞瘤较为常见，因此准确评估局部淋巴结的肿瘤性浸润非常关键。由于鼻的淋巴引流非常复杂，因此确定处于风险中的淋巴结或接受肿瘤淋巴引流的淋

巴（从而会因淋巴细胞移行导致转移）的较准确方法就是前哨淋巴结定位[25]。可联用锝淋巴闪烁造影术和术中甲基蓝染料或间接淋巴造影术进行前哨淋巴结定位，摘除前哨淋巴结或识别出的淋巴结以评估淋巴转移的组织学证据。当联用淋巴结摘除与根治疗法（如长春新碱和强的松化疗）时，如果转移呈阳性，摘除这些淋巴结也可提高患病动物存活率。在手术中，应在确定切除肿瘤之前摘除前哨淋巴结，因为鼻部是清洁度欠佳的手术部位。口鼻部肥大细胞瘤周围理想手术切缘尚不明确，且解剖制约会限制所需的切缘。从对口鼻部肥大细胞瘤进行切开活检获得了分化信息加之患病动物分期结果（包括局部淋巴结状况），可优化患病动物治疗计划以及为每只患病动物制订的手术方案。目前，对于小型犬，建议采用 1cm 或更大的切缘，对于大型犬，应采用至少 1cm 但最好是 2~3cm 的切缘，因为口鼻部的肥大细胞瘤通常会高度分化。此外，肥大细胞瘤直径也可用于确定手术切缘[26]。经过鼻手术后可降低发病率，尤其是在不完全切除后，在着手进行切除侵袭性较差的肿瘤但把握不太大的情况下，可结合采用新辅助的放疗和 / 或新辅助化疗。

10.2.5 肉瘤

鼻组织、鼻内和鼻窦内也可发生多种肉瘤，包括骨肉瘤、软骨肉瘤和纤维肉瘤。关于这些肿瘤的讨论见本期其他文章：

鼻腔及鼻窦手术入路。注意犬存在组织学低分化生物学高分化的纤维肉瘤非常重要，尤其是寻回犬，因为这些肿瘤在对切口活检样品进行组织学评估时，有可能会被误诊为纤维增生或纤维瘤。

10.2.6 手术疗法

"如果肿瘤患及骨骼，那么也必须切除患及的骨骼……"

临床目标决定临床治疗方法。临床目标取决于兽医 - 动物主人合作关系所作出的决策。大多数鼻内病变最好采用放疗进行治疗，可通过整合三维（3-dimensional，3D）适形放疗、调强放疗和立体定向放疗来缓解急性及后期放疗的不良反应[23]（**图 10.3**）。对于发生于鼻表面的病变，解剖制约和特殊类型肿瘤所需的手术切缘会影响治疗方案的制订。在开始鼻腔切除术之前应先提出几个问题，以便进行局部治疗。如手术切除鼻肿瘤的具体指南尚不明确，推荐的手术切缘目标是多少？距离肿瘤是 0.5cm、1cm 还是 2cm？小型犬与大型犬相同吗？应该包括位于肿瘤之上但未患及的筋膜平面吗？关于每种肿瘤可达到局部治愈的理想组织学切缘、肿瘤细胞是否简单地与手术切缘不接触[27]，肿瘤细胞是否比 1mm 的手术切缘小，或者说距手术切缘距离是否大于 2mm，均尚存在不确定性。手术计划中的手术切缘并非总是和最终的组织切缘相等，因此两者均为术前计划及辅助治

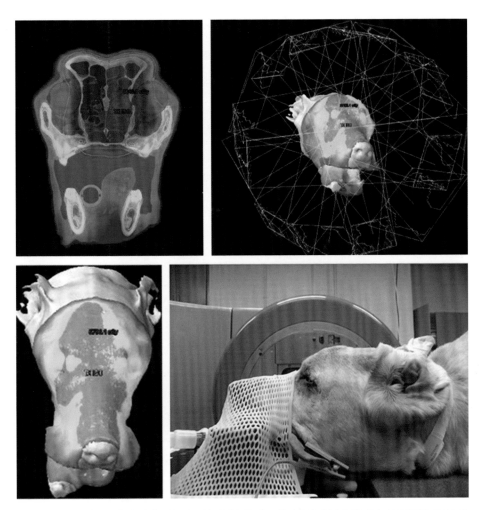

图 **10.3**　大多数鼻腔鼻窦肿瘤最好采用放疗进行治疗，放疗在限制动物发病率方面取得了巨大进展，因为可通过整合三维适形放疗、调强放疗和立体定向放疗来缓解急性及后期放疗的不良反应

疗的注意事项。

　　厚度不足 2mm 的浅表病变可用冷冻疗法进行治疗，这种疗法通常推荐用于存在浅表性鳞状细胞癌病变的患猫（**图10.4**）。进行冷冻疗法后，需积极进行监测并对任何新发浅表病变进行冷冻治疗，根据病变是否存在发展变化确定治疗频率是每月 1 次、半年 1 次，还是每年 1

次。报道的其他浅表鳞状细胞癌治疗方法包括：局部使用维甲酸、光动力学疗法、锶（Sr 90）和电化学疗法[28, 29]。

　　鼻平面切除术最适合用于治疗鼻平面内且未向后扩张入鼻甲的侵袭性病变。切开鼻甲后，将缺损处连同皮肤疏松附着物缝合至鼻黏膜和 / 或将软组织用骨隧道缝合至暴露的骨（**图 10.5**– **图 10.7**）。

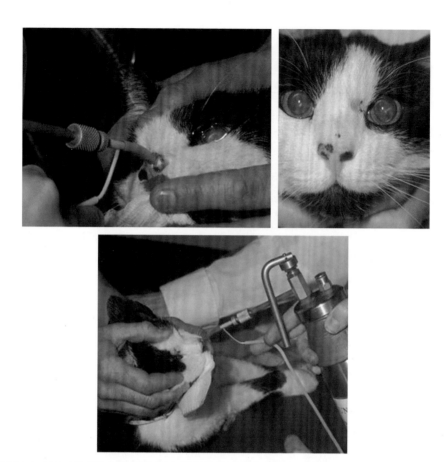

图10.4　冷冻疗法是治疗猫鼻平面日光诱导的浅表性鳞状细胞癌病变的有效工具。如本图所示，经探针进行两个周期的快速冷冻－缓慢解冻可有效防止术后的结痂

图10.5　猫接受鼻平面切除术后的特征性外观

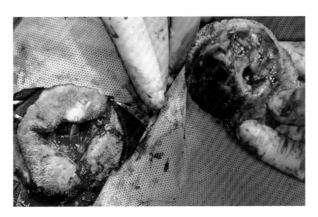

图10.6　鼻平面切除术（未切除上颌骨）术中外观。左：完成修复；右：切除的鼻平面

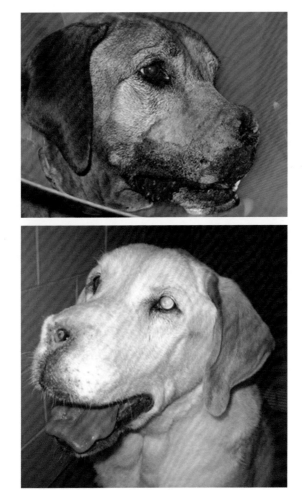

图10.7　犬接受鼻平面切除术（未切除上颌骨）后的特征性外观

摘除具有局部淋巴结转移、局部转移性和/或前哨淋巴结等特点的淋巴结，可作为肿瘤治疗的一部分，尤其是与切除原发肿瘤相结合，且切除会影响辅助疗法决策和/或患病动物存活情况下。

对于穿透深度超过鼻平面且向后扩张入切牙骨/上颌骨的侵袭性病变，推荐联用双侧前上颌骨切除术和鼻平面切除术[30]。经静脉注入造影剂的 CT 图像对于制订手术计划及详细术前告知非常关键，因为患病动物面部外观会发生巨大变化。让患病动物俯卧，利用开口器保持口部张开。用海绵盖住咽部，以防出血进入气道。当保持口部悬挂位以便进行手术时，尽量

保持下唇能够充分活动以有助于重建和缝合。此外，使用无菌记号笔和尺可有助于达成计划的手术切缘，因为在牵拉和切除期间组织会变得扭曲。预计手术期间鼻部及吻部会大量出血。电烙术（在黏膜表面应用该方法时需谨慎）、血管夹有助于减少出血，尤其是用于腭大动脉和蝶腭动脉时。根据犬种、肿瘤位置和既定完全切除所需的手术切缘不同，向后侧切除的厚度也不同。但对于大多数患病动物，双侧上颌骨切除术向后限度为第二或第三前臼齿后侧。切除从皮肤切口开始，到皮下和鼻唇肌肉层，再到骨骼。使用摆动锯行双侧上颌骨切除术完成整块切除（**图 10.8**）。

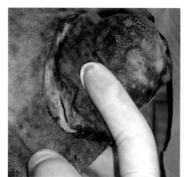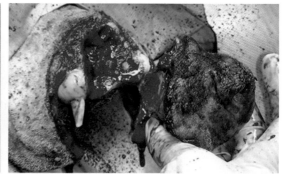

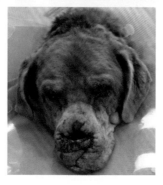

图 10.8　广泛性纤维肉瘤切除术术中图片（需要行双侧前上颌骨切除术和鼻平面切除术），以及术后 1d 的患犬外观

为从组织学角度准确评估手术切缘，可于体外标本使用组织标记染料。

　　侵入性鼻平面切除术和前上颌切除术技术上最具挑战性的部分在于缺损的重建 [31, 32]。重建方法包括：源自唇龈缘的双侧唇黏膜皮肤前徙瓣（注意不要在连接水平处向后拉伸切口太远，因为这可能会妨碍经口角动脉的血管供应）、双侧颊黏膜皮肤旋转前徙瓣、荷包缝合、

单侧唇黏膜皮肤前徙瓣的一些变体，甚至有可能是处理犬多余鼻皮肤皱褶时的鼻皮肤转位皮瓣 [30, 32-34]。其中一个实用技巧就是在唇和上腭之间恢复黏膜层。使用通过钻孔将基尔希纳氏钢丝穿入腭骨及额骨产生的骨隧道，有助于牢牢固定唇下黏膜、肌肉和真皮，还可有助于保持伤口对侧无张力。如果可能，应将皮肤和鼻黏膜对齐（**图10.9**）。

图10.9　广泛性纤维肉瘤切除术术中图片（需要行双侧前上颌骨切除术和鼻平面切除术），以及手术数月后的患犬外观

10.2.7　争议与并发症

　　获得美丽的面容可能是行鼻平面切除术和根治性平面切除术后遇到的最大难题，这是一项需要在手术前与动物主人进行讨论的重要问题。鉴于动物主人对动物术后面容外观变化的情绪反应，因此整

个家庭均应参与决策。应向动物主人展示经过类似鼻部手术犬、猫的有代表性的图片，以便动物主人为其担忧做好准备。即使动物主人接受了术前培训，行切除术后的面部外观也会使动物主人感到极度不安。已知一些尚未做好准备的动物主人在家里会疏远他们的动物，并避免爱抚和拥

抱。同样，在散步时，动物主人也不会与其他陌生人及其犬互动。因鼻部手术导致的面容改变可能会被不熟悉的犬误认为是攻击性表情，因此笔者警告动物主人应避免与其他不熟悉的犬接触。

行鼻平面切除术和根治性平面切除术后康复难题依然存在。鼻部手术后犬会频繁舔舐其鼻部，这可能会影响位于被截断骨之上缝合稚嫩皮肤与黏膜的缝合线

（**图 10.10**）。如果发生开裂，尤其是导致骨骼暴露，应立即进行重新缝合推迟皮瓣分离。由于鼻部血管众多，手术部位感染会继发导致开裂，之后开裂程度会进一步加剧，但与外伤原因不同，这并非是开裂的唯一原因。通过佩戴限制性伊丽莎白圈和 / 或足枷（极少用）以限制其他形式的自创伤，可降低开裂的风险。此外，提供柔软或液态食物，并避免饲喂干犬粮或任

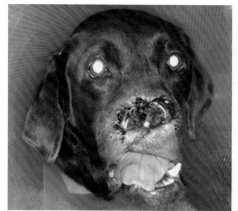
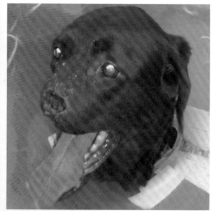
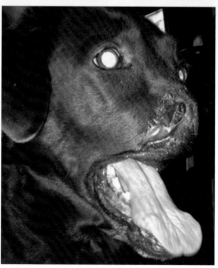

图 10.10　行根治性平面切除术后拉布拉多寻回犬，可见继发于犬舌舔舐的切口开裂，以及主要闭合翻修手术 1 周及 6 个月后外观

何其他难以咀嚼的食物3~4周，也可促进伤口的愈合。由于会导致形成口鼻瘘管并暴露齿弓，因此需要避免开裂。

鼻部手术的另一个难题就是避免鼻孔狭窄或出现瘢痕，这可最早出现于术后2周（**图10.11**）。随着手术部位的愈合，患病动物仍容易发生鼻出血（通常持续大约1周）、鼻腔结痂和溃疡（**图10.12**）。持续性结痂和浅表性溃疡会导致瘢痕形成，但打乱黏膜并置才是最受关注的问题。据传，行鼻平面切除术后，使用多种支架来减少犬的复发性瘢痕形成已有报道，但疗

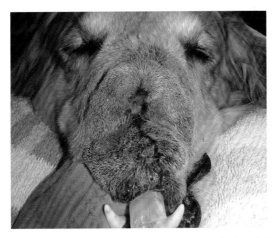

图10.11　行双侧前下颌骨切除术和鼻平面切除术后1个月发生鼻孔狭窄或瘢痕形成的外观。右侧鼻孔已被瘢痕组织完全阻塞，左侧鼻孔仅剩直径为2 mm的开放口

图10.12　行根治性平面切除术后，预计鼻孔会出现暂时性结痂和浅表性溃疡

效尚未确定。据传直接应用丝裂霉素 C 治疗复发性瘢痕形成也有报道，而且疗效也未确定。用锐器切除皮肤疏松附着物阻塞鼻孔的狭窄瘢痕，并非一种治疗方法，因为会再次形成瘢痕。手术重建应着眼于让鼻内或血管丰富的黏膜附着于皮肤。大多数动物都不适应术后定期生理盐水冲洗鼻平面部位（以限制继发性鼻结痂）。借鉴人类后鼻孔闭锁修复经验和瘢痕形成表明，术后使用管内支架并未表现出与后鼻孔闭锁修复手术治疗效果有什么不同（采用荟萃分析）[35]。此外，目前尚不支持使用丝裂霉素 C 作为人手术后鼻孔闭锁修复辅助用药 [35]。还发现，对于使用经鼻内镜修复后鼻孔闭锁的人类患者，通过采用黏膜完全覆盖暴露的骨表面可防止术后再狭窄，而且频繁用生理盐水进行冲洗，并于主修复术后

1 周清除鼻结痂可降低再狭窄的发生率 [35]。

对于晚期鼻腔鼻窦肿瘤，病情发展及急性出血均会威胁生命安全。姑息疗法包括：单侧或双侧颈动脉结扎以减少动脉对鼻部的供血。对于猫而言，动脉环并不完整，主要脑部供血来自颈外动脉分支。因此，对于猫应只考虑单侧颈动脉结扎 [36]。可通过采用治疗性放射学进行选择性动脉闭合来更精准地减少肿瘤相关鼻出血 [37]。

对于手术和 / 或放疗导致的较大且难以治疗的鼻腔鼻窦瘘管，包括鼻平面缺失，可考虑使用间接远距离双蒂皮下血管丛皮瓣或管状皮瓣进行重建（Laurent Findji 和 Richard Walshaw，个人通讯，2015）。管状皮瓣的长宽比值不应超过 6~8，且可能需要 6~8 周才能完成向受皮区的移植（**图 10.13** 和 **图 10.14**）。在

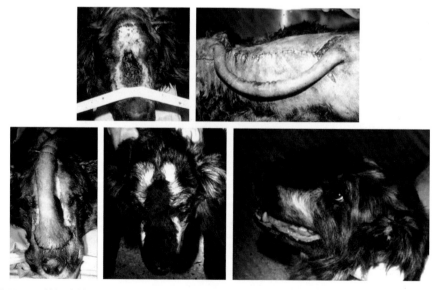

图 10.13　推迟皮瓣分离及伤口愈合后，用管状皮瓣修复放疗诱导的鼻腔鼻窦瘘管及患犬外观 [由 Richard Walshaw (BVMS，DACVS，Dearborn，MI，USA) 提供]

历史上，Heinrick von Pfalzpaint 曾于
1460 年在欧洲利用上臂皮瓣为一名人类
患者的外伤性撕脱鼻部进行了重建，将
该皮瓣缝合至鼻缺损处，并在 8 ~ 10d
后皮瓣分开前将上臂绑至头部[38]。甚

至在更为久远的年代，早在大约公元前
700 年，在印度就有人对使用前额管状
皮瓣重建人的鼻部撕脱伤进行了记载，
目前这已成为人类鼻部重建的黄金标准
疗法[39]。

图 10.14　推迟皮瓣分离及伤口愈合后，采用管状皮瓣修复的较大鼻腔鼻窦瘘管并发症及患犬外观
［由 Laurent Findji（DMV，MS，MRICVS，DECVS，Laindon，Essex，UK.）提供］

参考文献

[1] Finck M, Ponce F, Guilbaud L, et al. Computed tomography or rhinoscopy as the first-line procedure for suspected nasal tumor: a pilot study. Can Vet J 2015; 56 (2): 185–192.

[2] Tromblee TC, Jones JC, Etue AE, et al. Association between clinical characteristics, computed tomography characteristics, and histologic diagnosis for cats with sinonasal disease. Vet Radiol Ultrasound 2006; 47 (3): 241–248.

[3] Day MJ, Henderson SM, Belshaw Z, et al. An immunohistochemical investigation of 18 cases of feline nasal lymphoma. J Comp Pathol 2004; 130 (2–3): 152–161.

[4] Theon AP, Madewell BR, HarbMF, et al.Megavoltage irradiation of neoplasms of the nasal and paranasal cavities in 77 dogs. J AmVetMed Assoc 1993; 202 (9): 1469–1475.

[5] Henry CJ, Brewer WG Jr, Tyler JW, et al. Survival in dogs with nasal adenocarcinoma: 64 cases (1981-1995). J Vet Intern Med 1998; 12 (6): 436–439.

[6] LaDue TA, Dodge R, Page RL, et al. Factors influencing survival after radiotherapy of nasal tumors in 130 dogs. Vet Radiol Ultrasound 1999; 40 (3): 312–317.

[7] Northrup NC, Etue SM, Ruslander DM, et al. Retrospective study of orthovoltage radiation therapy for nasal tumors in 42 dogs. J Vet Intern Med 2001; 15 (3): 183–189.

[8] Adams WM, Bjorling DE, McAnulty JE, et al. Outcome of accelerated radiotherapy alone or accelerated radiotherapy followed by exenteration of the nasal cavity in dogs with intranasal neoplasia: 53 cases (1990-2002). J Am Vet Med Assoc 2005; 227 (6): 936–941.

[9] Adams WM, Miller PE, Vail DM, et al. An accelerated technique for irradiation of malignant canine nasal and paranasal sinus tumors. Vet Radiol Ultrasound 1998; 39(5): 475–481.

[10] Bowles K, DeSandre-Robinson D, Kubicek L, et al. Outcome of definitive fractionated radiation followed by exenteration of the nasal cavity in dogs with sinonasal neoplasia: 16 cases. Vet Comp Oncol 2014. http://dx.doi.org/10.1111/vco.12115.

[11] Lana SE, Dernell WS, Lafferty MH, et al. Use of radiation and a slow-release cisplatin formulation for treatment of canine nasal tumors. Vet Radiol Ultrasound 2004; 45 (6): 577–581.

[12] Rassnick KM, Goldkamp CE, Erb HN, et al. Evaluation of factors associated with survival in dogs with untreated nasal carcinomas: 139 cases (1993-2003). J Am Vet Med Assoc 2006; 229 (3): 401–406.

[13] Gieger TL, Theon AP, Werner JA, et al. Biologic behavior and prognostic factors

for mast cell tumors of the canine muzzle: 24 cases（1990-2001）. J Vet Intern Med 2003; 17（5）: 687–692.

[14] Lascelles BD, Parry AT, Stidworthy MF, et al. Squamous cell carcinoma of the nasal planum in 17 dogs. Vet Rec 2000; 147（17）: 473–476.

[15] Ter Haar G, Hampel R. Combined rostrolateral rhinotomy for removal of rostral nasal septum squamous cell carcinoma: long-term outcome in 10 dogs. Vet Surg 2015; 44（7）: 843–851.

[16] Adams WM, Kleiter MM, Thrall DE, et al. Prognostic significance of tumor histology and computed tomographic staging for radiation treatment response of canine nasal tumors. Vet Radiol Ultrasound 2009; 50（3）: 330–335.

[17] Yoshikawa H, Randall EK, Kraft SL, et al. Comparison between 2-（18）F-fluoro-2-deoxy-d-glucose positron emission tomography and contrast-enhanced computed tomography for measuring gross tumor volume in cats with oral squamous cell carcinoma. Vet Radiol Ultrasound 2013; 54（3）: 307–313.

[18] Langova V, Mutsaers AJ, Phillips B, et al. Treatment of eight dogs with nasal tumours with alternating doses of doxorubicin and carboplatin in conjunction with oral piroxicam. Aust Vet J 2004; 82（11）: 676–680.

[19] de Vos JP, Burm AG, Focker AP, et al. Piroxicam and carboplatin as a combination treatment of canine oral non-tonsillar squamous cell carcinoma: a pilot study and a literature review of a canine model of human head and neck squamous cell carcinoma. Vet Comp Oncol 2005; 3（1）: 16–24.

[20] Mukaratirwa S, van der Linde-Sipman JS, Gruys E. Feline nasal and paranasal sinus tumours: clinicopathological study, histomorphological description and diagnostic immunohistochemistry of 123 cases. J Feline Med Surg 2001; 3（4）: 235–245.

[21] Henderson SM, Bradley K, Day MJ, et al. Investigation of nasal disease in the cat– a retrospective study of 77 cases. J Feline Med Surg 2004; 6（4）: 245–257.

[22] North SM, Meleo K, Mooney S, et al. Radiation therapy in the treatment of nasal lymphoma in cats. Proceedings of the 14th Annual Conference of the Veterinary Cancer Society. Townsend, TN; 1994. 21.

[23] Sfiligoi G, Theon AP, Kent MS. Response of nineteen cats with nasal lymphoma to radiation therapy and chemotherapy. Vet Radiol Ultrasound 2007; 48（4）: 388–393.

[24] Moore A. Extranodal lymphoma in the cat: prognostic factors and treatment options. J Feline Med Surg 2013; 15（5）: 379–390.

[25] Worley DR. Incorporation of sentinel lymph node mapping in dogs with mast cell tumours: 20 consecutive procedures. Vet Comp Oncol 2014; 12（3）: 215–226.

[26] Pratschke KM, Atherton MJ, Sillito JA, et al. Evaluation of a modified proportional margins approach for surgical resection of mast cell tumors in dogs: 40 cases (2008-2012). J Am Vet Med Assoc 2013; 243(10): 1436–1441.

[27] Wittekind C, Compton C, Quirke P, et al. A uniform residual tumor (R) classification: integration of the R classification and the circumferential margin status. Cancer 2009; 115 (15): 3483–3488.

[28] Spugnini EP, Vincenzi B, Citro G, et al. Electrochemotherapy for the treatment of squamous cell carcinoma in cats: a preliminary report. Vet J 2009; 179 (1): 117–120.

[29] Lucroy MD, Long KR, Blaik MA, et al. Photodynamic therapy for the treatment of intranasal tumors in 3 dogs and 1 cat. J Vet Intern Med 2003; 17 (5): 727–729.

[30] Lascelles BD, Henderson RA, Seguin B, et al. Bilateral rostral maxillectomy and nasal planectomy for large rostral maxillofacial neoplasms in six dogs and one cat. J Am Anim Hosp Assoc 2004; 40 (2): 137–146.

[31] Lascelles BD, Dernell WS, Correa MT, et al. Improved survival associated with postoperative wound infection in dogs treated with limb-salvage surgery for osteosarcoma. Ann Surg Oncol 2005; 12 (12): 1073–1083.

[32] Gallegos J, Schmiedt CW, McAnulty JF. Cosmetic rostral nasal reconstruction after nasal planum and premaxilla resection: technique and results in two dogs. Vet Surg 2007; 36 (7): 669–674.

[33] Benlloch-Gonzalez M, Lafarge S, Bouvy B, et al. Nasal-skin-fold transposition flap for upper lip reconstruction in a French bulldog. Can Vet J 2013; 54 (10): 983–986.

[34] Yates G, Landon B, Edwards G. Investigation and clinical application of a novel axial pattern flap for nasal and facial reconstruction in the dog. Aust Vet J 2007; 85 (3): 113–118.

[35] Kwong KM. Current updates on choanal atresia. Front Pediatr 2015; 3: 52.

[36] Altay UM, Skerritt GC, Hilbe M, et al. Feline cerebrovascular disease: clinical and histopathologic findings in 16 cats. J Am Anim Hosp Assoc 2011; 47 (2): 89–97.

[37] Weisse C, Nicholson ME, Rollings C, et al. Use of percutaneous arterial embolization for treatment of intractable epistaxis in three dogs. J Am Vet Med Assoc 2004; 224 (8): 1307–1311, 281.

[38] Greig A, Gohritz A, Geishauser M, et al. Heinrich von Pfalzpaint, pioneer of arm flap nasal reconstruction in 1460, more than a century before Tagliacozzi. J Craniofac Surg 2015; 26 (4): 1165–1168.

[39] Correa BJ, Weathers WM, Wolfswinkel EM, et al. The forehead flap: the gold standard of nasal soft tissue reconstruction. Semin Plast Surg 2013; 27 (2): 96–103.